下一站火星

The Next Stop: Mars

毛新愿 著

電子工業出版社
Publishing House of Electronics Industry
北京 • BEIJING

图书在版编目（CIP）数据

下一站火星/毛新愿著. —北京：电子工业出版社，2020.4

ISBN 978-7-121-38180-5

Ⅰ.①下… Ⅱ.①毛… Ⅲ.①火星－普及读物 Ⅳ.①P185.3-49

中国版本图书馆CIP数据核字（2019）第289897号

责任编辑：郑志宁
文字编辑：杜　皎
印　　刷：北京东方宝隆印刷有限公司
装　　订：北京东方宝隆印刷有限公司
出版发行：电子工业出版社
　　　　　北京市海淀区万寿路173信箱　　邮编：100036
开　　本：720×1000　1/16　印张：18.25　字数：305千字
版　　次：2020年4月第1版
印　　次：2021年3月第5次印刷
定　　价：78.00元

凡所购买电子工业出版社图书有缺损问题，请向购买书店调换。若书店售缺，请与本社发行部联系，联系及邮购电话：（010）88254888，88258888。

质量投诉请发邮件至zlts@phei.com.cn，盗版侵权举报请发邮件至dbqq@phei.com.cn。

本书咨询联系方式：（010）88254210，influence@phei.com.cn，微信号：yingxianglibook。

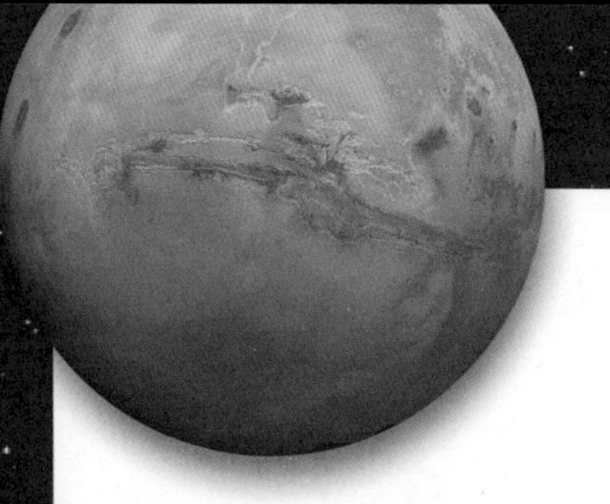

目录
CONTENTS

第六章　新时代大幕揭开　/ 173

第七章　从地球到火星　/ 193

第八章　载人飞船怎么登陆火星　/ 223

第九章　在火星生活，你准备好了吗　/ 261

致谢　/ 287

附录　/ 289

序言

踏上火星，人类成为跨行星生存的物种

（图源：SpaceX）

我们从何处来？

我们是谁？

我们将向何处去？

（图源：波士顿美术馆）

《我们从何处来？我们是谁？我们将向何处去？》
法国著名印象派画家保罗・高更的名画抛出了三大世纪之问

这是人类自有意识以来就不断对自己提出的三个问题，也是所有哲学家渴望回答的终极问题。漫长的人类进化史，其本质之一就是人类不断挑战自身极限去解答这三个问题的过程。

数万年前，在语言发明后，人类能够口口相传祖先的传说；一万年前，经历文字革命，人类有能力记录自己的历史和故事，人们开始清楚自己的身世。1859年，查尔斯·达尔文的《物种起源》发表后，“物竞天择，适者生存”的理论开始传遍世界。人类逐渐明白自己不过是地球上亿万物种中能适应当前时代的一种，在承袭了无数奠基物种的优势后才得以发展到今日。直到新世纪初，随着人类基因组测序计划的完成，人类更加清楚自己的身世，庞大的基因组也揭秘了人类从树上到地上、从非洲到美洲、从出生到死亡的进化发展密码。

然而，一直有一个重要的问题无法解答：我们最终将向何处去?

自从祖先从茹毛饮血的蛮荒时代缓慢走入文明社会，人类头顶上的天空便成为最为神秘的地方。星辰万象、电闪雷鸣，让人们幻想天上有神灵。但是，即便我们向各种各样的神祈祷，也始终无法摆脱地心引力的桎梏。人类的未来难道就真的停留在风雨雷电之下，脚下的土地也将是子孙后代永远的安息之所吗?

科技的发展与进步在近现代迎来一个重要的奇点——航天科技爆发。现代航天器的先驱是并不光彩的V2火箭（导弹），人类很快就在1969年将足迹印上了38万千米之外的月球，并创造了一个登陆过月球的12人俱乐部。这12个人甚至可以被定义成一个新的“物种”——一种可以跨越星球生存的地球生物。

尽管如此，人类对宇宙的认知还是太狭隘。根据2013年哈勃望远镜的观测，科学家明确已知的宇宙历史是138亿年，而它还在不断膨胀，目前可探测到的宇宙半径已经达到了465亿光年！一光年是光在宇宙真空中沿直线传播一年的距离，长度大约是9.5万亿千米。如果让人步行的话，走完一光年至少需要数亿年；就算坐高铁一刻不停地往前冲，也需要几百万年！

这毕竟还只是初步观测。古人云：耳听为虚，眼见为实。现代科学也相信用观察验证假设。两者并没有本质区别，都是相信实际看到的、能做到的才是真的。因而，古人渴望探测海洋与我们今天努力探测宇宙，是同一个道理。

探险家费迪南德·麦哲伦在500年前带领船队实现了环球航行的梦想。几百年间，人类的足迹遍布地球各个角落。时至今日，科技的力量让我们更进一步地了解地球。而对于宇宙探测，人类却渺小到连“蚍蜉撼树”的资格都没有。假如真正以“眼见为实”的观点来衡量，人类离开地球最远的纪录是阿波罗13号探月时的约40万千米。当时阿波罗13号出现故障，只是绕了月球一圈回来，三位宇航员[①]躲在登月舱里祈祷能活着返回地球。可以说，除地球外，人类确切了解的宇宙星球中最远的便是38万千米外的月球。

在广袤无际的宇宙中，人类走过的地方，大概就相当于太平洋中的水分子。中学物理书里介绍过，随便一滴水里的水分子数量就高达数亿亿级别，这意味着我们跨越一个宇宙“水滴”都非常困难！在已知的宇宙面前，人类依然势如蝼蚁。

即便是人类使者——无人探测器的脚步，最远到的地方，也仅是1977年美国国家航空航天局（NASA，下简称美国航空航天局）发射的旅行者1号在连续飞行42年后到达的距离地球218亿千米处。这个里程即便以光速出发也需要20小时5分钟才能跑完。然而，这与动辄以数亿光年记录的宇宙距离相比还是微不足道。

更何况，人类各种探测器和望远镜看到的图像，都是因为有电磁波在宇宙中传播。根据相对论，电磁波的传播会受到引力场等各种因素的扰动，不断转向，发生变化。而人类未知的暗物质和暗能量占宇宙总质量的95%左右。既然如此，人类怎么确定一道光线（光是电磁波的一种）就来自看到它时它所在的那个方向？这道光线有可能从任意方向射出，不断被引力影响，来到人类眼前。况且，人类观测到的只是几亿光年外的宇宙一角，如今那里发生了什么根本无从知晓。

可以说，人类对于宇宙的了解，连“坐井观天”的水平都还远未达到！

因此，我们不禁想反问自己几个问题——如果人类是由初级地球生物演化而来的，那么最早的地球生物来自哪里？未来人类真的会永远停留在地球这颗极不显眼的行星上吗？人类在宇宙中孤独吗？宇宙这么大，只有地球上有生命不是太浪费了吗？

① 宇航员，全称宇宙航天员，指以太空飞行为职业或进行太空飞行的人，国内习惯称为“航天员”。

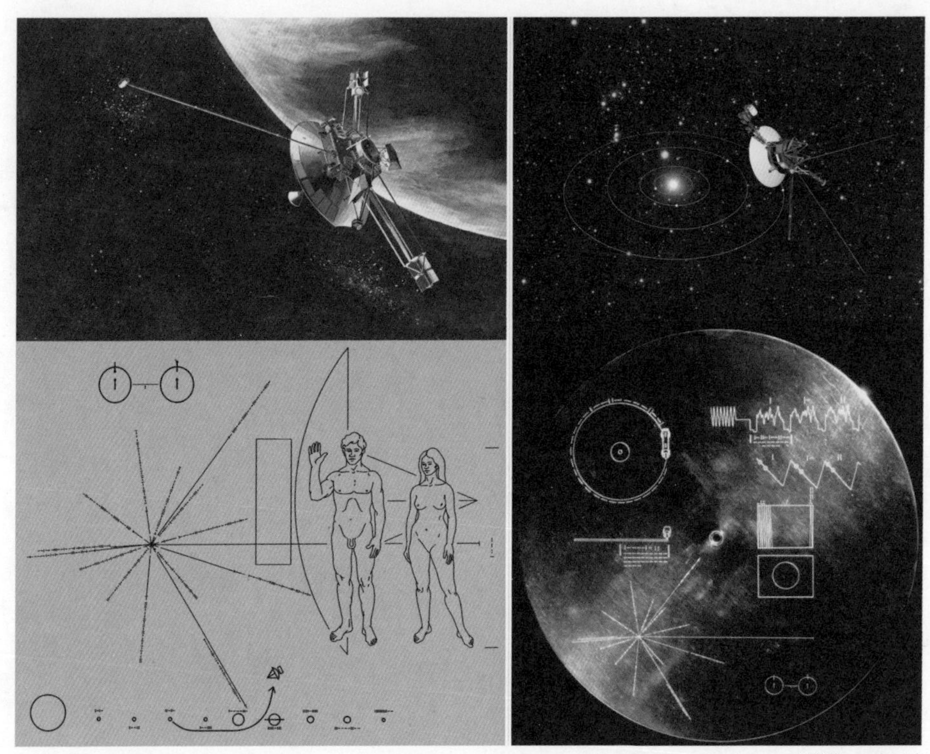

（图源：NASA）

1972 年和 1973 年先后发射的先驱者 10 号、先驱者 11 号和 1977 年发射的旅行者 1 号、旅行者 2 号分别携带了一个金属盘，上面主要包含两条人类信息：我们从何处来？我们是谁？（左上为“先驱者”，左下为其携带的金属盘；右上为“旅行者”，右下为其携带的金属盘）

任何一个与太阳系类似的恒星 / 行星系统都有宜居带。在这个区域内，行星能接收到足够的恒星辐射能量，能保持合适的温度，维持液态水和大气的存在，也可能孕育生命。在太阳系内部，金星、地球和火星都处于宜居带上，但金星和火星因先天条件和后天演化变得不再宜居。太阳系只是银河系中微不足道的一个小系统，像太阳这样的恒星，银河系里可能有几千亿颗，而银河系这种规模的星系在宇宙中恐怕可以用万亿级别来衡量。那么，在宇宙中处于宜居带上，有可能孕育生命的行星到底有多少呢？我觉得可以想象一下。

太阳系之外的行星叫作系外行星。在 21 世纪之前，人类仅仅发现了数十颗系外行星。随着新世纪航天科技突飞猛进，人类发现的系外行星数目与日俱增。2009

年发射升空的开普勒太空望远镜极大地提升了天文学家的想象空间，单单在2016年人类就用它发现了1000多颗系外行星。

显然，人类绝不可能满足于停留在渺小的地球上，外面几近无穷的世界等待人类勇敢地迈出脚步去开发。地球唯一的天然卫星月球已经被征服。两颗位于地球附近宜居带的行星，金星已被证实难以探索，而且价值有限，所以火星就成了人类目前唯一的选择。火星成为人类迈出地月系统，乃至迈出太阳系的试金石。

自古以来，人类幻想探测火星，在航天时代的实际探索也已经尝试了60多年。这一进程目前还在不断加速，因为所有人都在等待征服火星的那一天。那时人类可以被定义为一个全新的物种：**一种来自地球的可以跨行星生存的生物。**

为了这个辉煌时刻的到来，人类仍在孜孜不倦地努力。一个物种的功绩可依靠其作为来评判。本书就希望以这样一种视角，带领读者细细旁观人类那些伟大的火星探测之旅，逐渐探清火星开发的未来。

第一章

揭秘火星

（图源：NASA）

火星是陪伴地球最久的三个岩质（类地）行星兄弟之一，人类给它赋予了各种各样的意义。从“荧惑守心”的邪恶之源，到定义人类为跨行星物种的最佳垫脚石，地球的这个周身橙红的兄弟见证了人类发展的历史与辉煌。

地球和两个可怜兄弟

地球有三个兄弟，按照与太阳之间的距离来排序，它们分别是水星、金星和火星。不过，比起地球天堂般的环境，水星和金星的生存条件简直如炼狱一般。

地球：人类在太阳系的避风港

从 10 万年前晚期智人走出非洲，到今天全世界大约有 77 亿人口，地球成为孕育世间万物和人类文明的唯一母亲。

地球母亲对人类既吝啬又慷慨。她已经有 46 亿岁“高龄”了，却只分配了 20 万年给人类这种“晚期智人亚种”。如果将地球的寿命化作 24 小时，晚期智人才刚刚出现 4 秒钟，而人类最古老的两河流域文明出现还不到一眨眼的时间（0.2 秒）。但是，她又如此慷慨，每年赐予人类至少 40 亿吨（动植物）食物，让人类尽情开采上百亿吨煤炭和石油用来取暖和出行。更为重要的是，她给予人类近乎无尽的新鲜空气和水源。

数万年来，地球母亲一直默默看着人类进化与文明兴起。随着航天科技的发展，人类总算有机会看清地球全貌。1972 年 12 月 7 日，人类历史上最伟大的航天科技成就——“阿波罗登月计划”——进入收官之战。阿波罗 17 号飞船的宇航员在奔月过程中拿起相机拍下了地球的全貌。当时，地球、太阳与飞船处于最完美的拍摄角度，包括南极冰冠在内的整个地球向阳面清晰可见。随着“咔嚓”一声，这张人类历史上传播次数最多的照片之一被记录下来——《蓝色弹珠》。巧合的是，这张照片的中心恰好是古老的非洲。那里是人类的起源地，也是人类梦想起步的地方。在阿波罗 17 号完成任务之后，“阿波罗登月计划”这项人类历史上最伟大的科技

1972 年 12 月 7 日，阿波罗 17 号飞船上的宇航员在前往月球时拍下了这张著名的照片

（图源：NASA）

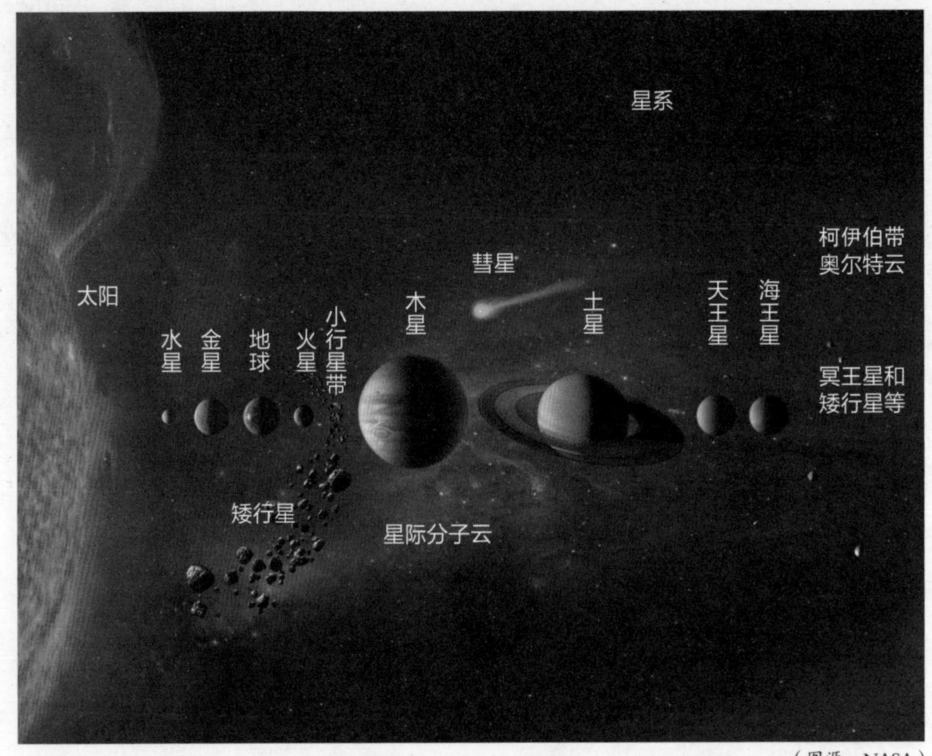

（图源：NASA）

人类目前认知的太阳系基本构成

任务正式宣告结束。

地球在太阳系内并不孤独，在46亿年前，包括太阳和地球在内的主要太阳系构成星体先后形成。地球上广泛存在金、银等重金属就是“太阳源于母代恒星爆炸后的重生”最好的证据，因为这些重金属几乎只能在剧烈的超新星爆炸或中子星级别的超级碰撞中形成。它们在渺小的地球中显然不能够自然生成，毕竟一颗普通中子星就比几十万个地球重。母代恒星爆炸后，绝大部分物质依然聚集在中心，成为太阳重生的襁褓，其他残余物质则成为在太阳系内部播撒的种子。它们都是一团团星云物质，沿着轨道运转，在引力作用下不断聚拢成星球。从这个角度来讲，每个含有金属的戒指都代表真正永恒的爱之祝福。

这些散落在太阳系各个角落的物质先后结合形成了太阳系的八大行星、各大行星的数百颗卫星、几颗矮行星（过去的第九大行星冥王星在2006年被降级为矮行星；

柯伊伯带甚至可能有成百上千颗矮行星，但未被证实）、数以亿计的小行星和无法统计数量的彗星。尽管如此，这些星球加在一起仅仅是太阳系总质量的1%；相比而言，太阳质量占比超过了99%。地球则是太阳系中微不足道的一员。太阳系仅仅赐予地球三十三万分之一的质量和二十亿分之一的太阳光照能量，而这些能量便滋养了世间万物。

为进行区分，人类习惯把目前的太阳系八大行星划分为两大类。一类行星是类木行星，也叫气态行星。它们像木星一样主要由大团气体构成，有木星、土星、天王星和海王星四颗。还可以将它们进一步区分为气态巨行星（木星、土星）和冰巨星（天王星、海王星）。类木行星距离太阳都非常遥远，那里是极寒地带。在形成之初，它们并没有被太阳风吹走过多的气体，太阳辐射带来的能量并不足以让行星

（图源：POV-Ray）

太阳系八大行星和冥王星体积大小对比，地球体型属于中等

表面气体分子获得足够动能，以进一步逃逸。它们有庞大的质量和体积，巨大引力又进一步束缚了以氢气和氦气为主的轻气体团，所以被叫作气态行星。另一类行星则是类地行星，也叫岩质行星，它们的表面和大部分结构都是岩石质地，与地球类似。类地行星有水星、金星、地球和火星。这几个行星都处于太阳系内侧，这里接收到的太阳能量大大高于外侧。类地行星表面的绝大部分气体在形成之后逐渐逃离，它们仅由较重的岩质部分和一小部分分子量较重的气体构成，如二氧化碳、氧气、氮气等。类木行星和类地行星仿佛是生活在同一屋檐下的兄弟姐妹，前者体型巨大却虚胖，后者矮小却结实。

从某个角度来说，和地球最亲近的就是三个亲兄弟——水星、金星和火星，但这只是一个美好幻想。实际上，比起能够完美孕育生命的地球，水星和金星两兄弟可谓“惨不忍睹”。

水星：千疮百孔，冰与火的世界

地球距离太阳平均约 1.5 亿千米，该距离就是一个标准天文单位。这听起来非常遥远，但地球接收到的太阳辐射能量足以孕育所有的生命。今天人类广泛使用的化石能源，如煤、石油、天然气、可燃冰等都是由历史上的地球生物遗骸形成的。水星距离太阳约 4600 万 ~ 6982 万千米（轨迹为椭圆），这意味着它在被太阳疯狂地炙烤，太阳风几乎吹走了所有空气。水星向阳面的温度高达 430 摄氏度，要知道我们做饭时大火爆炒和油炸的温度也仅在 300 摄氏度以内，所以那里简直是炼狱。由于缺乏大气层保温，水星背对太阳的一面是低至零下 170 摄氏度的极寒地带。相较而言，中国有史以来记录的最低温度为最北端漠河的零下 58 摄氏度，比起水星的温度不值一提。

水星体积太小，内核保温效果差，内部热量逐渐散失，没有足够的熔融状态金属内核来产生强大的磁场。因而，在仅有地球磁场 1.1% 强度的磁场“保护”下，水星根本无法抵御强大的太阳风。在缺乏大气层保护的情况下，水星周身遍布星际物质直接撞击形成的陨石坑。在水星上，你可能随时都会遭遇一场“陨石雨”。综合来看，水星是一个几乎不可能孕育生命的蛮荒之地。然而，水星在太阳系的位置

（图源：NASA）

信使号记录的水星全景

也意味着它记录了太阳演化的痕迹，对人类了解太阳乃至太阳系的历史大有帮助。

水星是距离太阳最近的行星，深受强大的太阳引力的影响。根据开普勒定律，距离恒星越近，行星速度越快，所以水星的运转速度是所有行星里最快的，达到了惊人的 47.8 千米 / 秒，围绕太阳运行一圈仅耗时 88 天，大大快于地球 29.8 千米 / 秒的运转速度和围绕太阳公转一周耗费的约 365 天时间。水星因此获得了西方神话传说里飞行使者和信使之神的美名——墨丘利（Mercury）。

对水星的探测极其艰难。探测器一旦离开地球，向轨道内侧的太阳飞去时，便会受外力影响不断加速，越飞越快。水星处于太阳系行星轨道最内侧，而且质量仅有地球的 5% 左右，引力仅有地球的 38%。水星的影响范围太小，探测器和星际物质极难被它的引力捕获，在其附近做环绕运动。即便有物质被水星引力捕获，也极容易受到强大的太阳引力作用，运行轨道并不稳定。因而，水星几乎不可能拥有天然卫星，也很难有星际物质被它“俘获”而成为卫星。

1973年11月3日，美国的“水手10号”探测器从地球出发，它的使命是探测水星。由于受水星探测难度和探测器本身能力的限制，它仅能在水星附近飞掠而过，“远观”一下而已。不可思议的是，这个任务取得了巨大成功。1974年3月29日，水手10号距离水星最近仅有700千米左右；1975年3月16日，它再次飞掠而过，距离水星最近时，二者仅相距300千米左右。

在有限的观察时间内，探测器利用相机拍下了约2800张水星照片，所拍面积占水星表面积的40%。这是人类第一次看清楚水星表面。遗憾的是，那里看起来如同沙漠。水手10号利用热辐射仪研究了水星表面阳面和阴面的巨大温差；研究证明，水星周身磁场强度很弱，大气层极其稀薄，基本属于不毛之地。

后来，科学家发现，探测器可以不断借助金星、地球和水星的引力改变飞行速度和方向，最终达到环绕水星的目的。这样的代价是环绕水星进行探测普遍要耗时数年，而这已经是人类目前能想到和做到的极致。这种技术相当于蹦床运动员为达

（图源：NASA）

水手10号构想图

到某个高度不断蓄势，类似引力助推系统。在完成任务的过程中，水手 10 号探测器首次验证了这种技术。水手 10 号在成功飞掠金星后又探测水星，完成了人类首个一次探测两颗行星的任务。这一成功奠定了后续航天活动中更复杂的“引力弹弓”的技术基础，为最终环绕水星做了准备。

水星的探测难度不止于此。水星的位置特殊，探测器即便到了水星附近，也要面临太阳的巨大热量和高能辐射的干扰，这对探测器设计要求极高。在人类历史上，仅有“信使号”完成了环绕水星的使命，它的名字也符合水星的称号——“墨丘利”。信使号发射于 2004 年，2011 年才抵达水星，其间不断借助行星引力助推技术调整轨道，最终实现环绕水星的目的。

信使号在水星轨道工作了 4 年，做了大量有价值的工作。它绘制了非常详细的水星全球地图和高程图，甚至从水星表面地貌反推出水星曾经发生过的地质运动，如火山喷发。信使号还研究了水星的磁场变化和大气演变，不过和地球比起来，其磁场和

（图源：NASA）

信使号构想图

大气可以忽略不计。让人惊喜的是，信使号在探测过程中发现水星极其稀薄的大气中竟然有一定量的水蒸气，而在其北极附近的撞击坑中，还有有机化合物和水冰存在的痕迹，不过距离发现生命还很遥远。信使号在 2015 年任务结束后就撞向水星表面，永远停留在那里。这个伟大的人类使者的壮举极大地激励了后续航天活动的开展。

2018 年 10 月 20 日，欧洲航天局和日本共同研发的贝皮·科隆博号水星探测器成功发射。这个名字来源于意大利著名科学家朱塞佩·科隆博（Giuseppe Colombo）。科隆博最早提出了从金星借力的引力助推方案，用来探测水星，这个方法可以降低探测器自主变轨的难度。贝皮·科隆博号大约需要花费 7 年时间抵达水星，在漫长的 7 年中，它会飞掠地球 1 次、飞掠金星 2 次、飞掠水星 6 次，需要逐渐调整轨道才有可能在 2025 年抵达水星这个看似不远的邻居。那时，它的设计寿命仅剩下 2 年左右时间，探测水星的难度由此可想而知。

（图源：NASA）

贝皮·科隆博号构想图

在抵达水星过程中，探测器将会一分为二，变成两个探测器。其中一个探测器的工作重点是观测水星的地形和地质情况，甚至研究地表浅层。这将帮助科学家了解水星的历史，甚至可以发现太阳和它共同演化的过程。据科学家推测，水星保留了太阳乃至太阳系早期演化的痕迹。另一个探测器的工作是研究水星极其微弱的磁场和受太阳风影响产生的磁层。水星磁场的产生机制和演化规律，也是人类尚未完全解开的谜题。

总体看来，探测水星对人类了解过去很有帮助，但对人类渴望的星际移民而言，几乎毫无“价值”。

金星：爱神伪装的太阳系炼狱

金星很亮，甚至白天都可以用肉眼观察到，它在东西方文化里被人们寄予了美

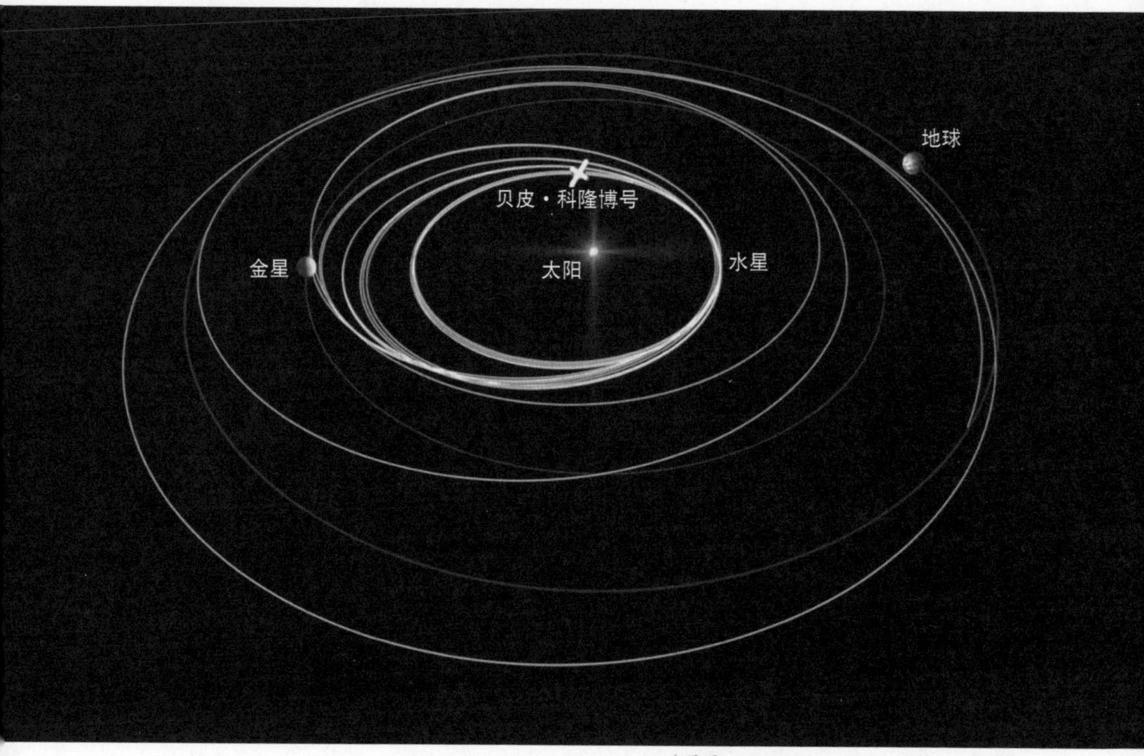

（图源：ESA/ATG medialab 编辑：毛新愿）

贝皮·科隆博号在 7 年内要经过复杂的路径抵达水星

好的希望。在中国古代，金星被称为启明星、太白星；西方则用象征爱与美丽的女神维纳斯（Venus）的名字来为它命名。在20世纪早期的科幻小说里，凡是关于星际移民的题材，多半把金星当成目的地。

从表面看来，金星的确非常可能有生命存在。它处于太阳系的宜居带上：这里距离太阳不远不近，有足够的太阳辐射能量；温度不高不低，可能存在液态水；能够保存大气，拥有足够的物质元素，有孕育生命的可能。太阳系的宜居带只有金星、地球和火星三颗行星，而金星轨道距离地球更近。此外，金星体积（地球的87%）、质量（地球的82%）、表面积（地球的90%）都与地球相近，重力加速度也与地球十分接近（地球的90%）。以地球的情况为参考，这个体量的金星不至于出现内核快速冷却而导致能量消失的状况，应该能够维持足够强的磁场。而且，它也是一个岩石质地的行星，拥有大气，看起来资源是够的。

在掌握航天技术后，人类迅速将金星作为探测目标。1962年，美国的水手2号探测器成功飞掠金星，成为人类首个成功飞出地月系统的“行星际使者”。1974年2月，水手10号飞掠金星，确认了水手2号的科研成果：金星有极其浓密的大气层，表面温度极高。

20世纪中期，苏联在航天探索领域处于领先地位：人类历史上第一枚航天运载火箭（1957）、第一颗卫星（1957）、第一个月球探测器（1959）、第一位宇航员（1961）。在美国成功飞掠金星后，苏联也把目光投向了金星。苏联最著名的“金星计划”，共计发射了27个探测器，加上后来的两个“维加”任务，总共29个探测器！其中有10个探测器成功着陆（或部分成功），成果非凡。

然而，10个成功着陆的探测器，最短的仅仅工作了23分钟（金星7号），最长的只幸存了127分钟（金星13号）。这是因为金星的生存环境可能比水星还要恶劣。

第一，金星大气96%以上是二氧化碳，剩下主要是氮气。二氧化碳在地球空气中仅占0.04%，却造成了令全人类恐慌的温室效应。二氧化碳在金星上竟然高达96%，这导致金星表面平均温度在460摄氏度以上。这个温度甚至超过水星向阳面的温度。而金星的大气保温效果很好，到处都是这样的温度。有人开玩笑说，在金星表面任何一个地方，任何生命和烧烤之间只差一点孜然粉，甚至孜然粉也会被烧煳。

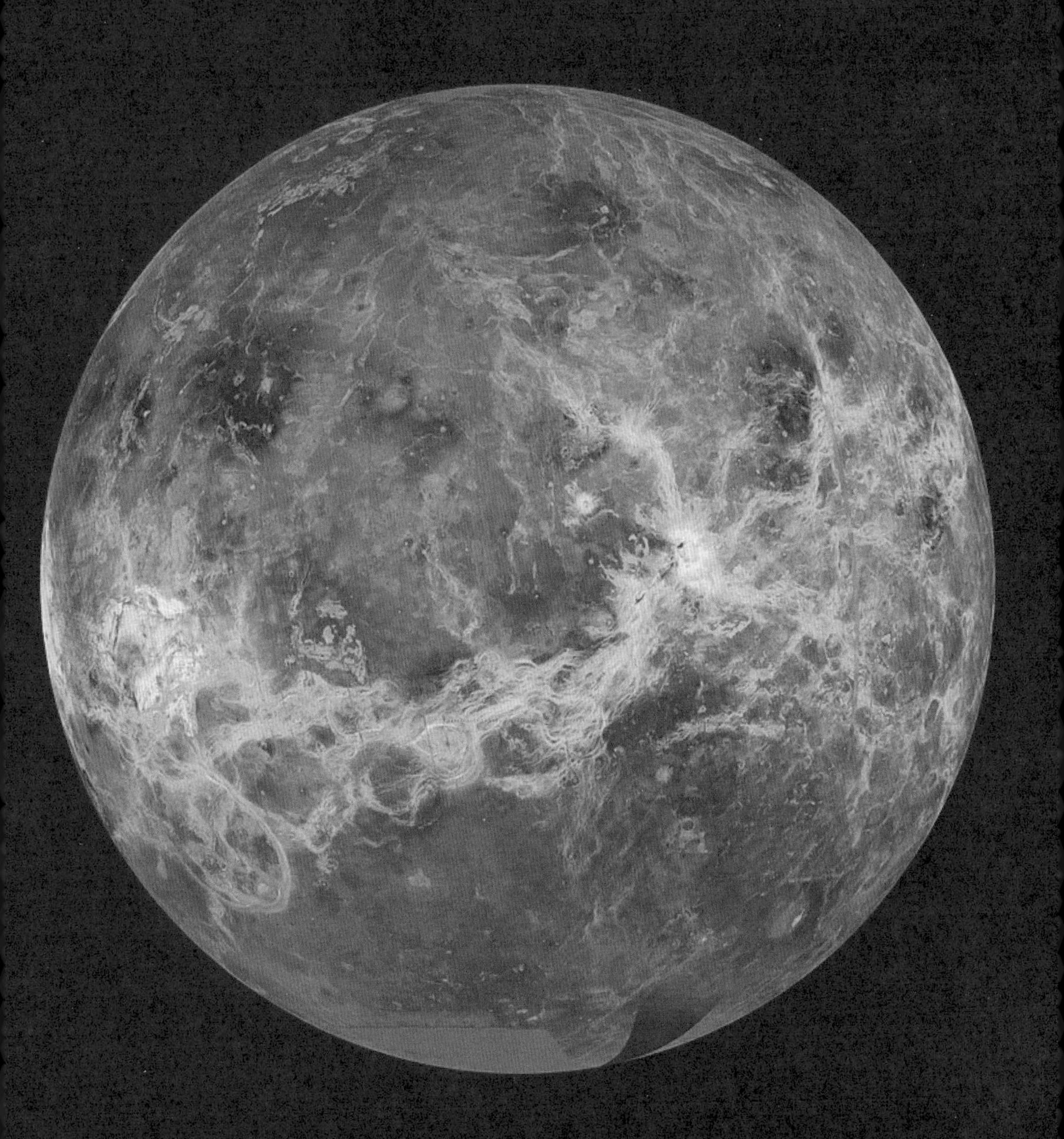

麦哲伦号记录的金星

（图源：NASA）

第二，金星表面的大气压是地球大气压的 92 倍，达到 70 米汞柱。这大概相当于一个人身上背着（假设人的双脚面积为 500 平方厘米）一个近 50 吨重的东西产生的压强，相当于一个人背着一辆中型坦克，或者等同于大洋 900 多米深处的强大水压，即便潜艇都无法承受。适应地球气压的人体结构不可能有足够的内部压力与之抗衡，没有保护的人在金星上，第一时间就会变成肉饼。稠密的大气甚至可能减缓金星自转速度，在金星上出现神奇的“度日如年”现象。金星自转一圈的时间为 243 天，是所有行星中最慢的，甚至长于金星公转一圈的时间。它的自转方向也非

（图源：Stanislav Kozlovskiy）

1970 年 12 月 15 日，金星 7 号的着陆器部分降落在金星表面，是人造物体首次在其他行星“着陆”。从图中可以看出，着陆器的设计突出了耐高温和耐高压性能

常另类，如果在金星上看太阳，是西升东落，不同于在地球上太阳东升西落的现象。

第三，金星的体积和质量较大，这说明其内部能量充足，地质活动依然很活跃。地质活动过度活跃导致经常有火山爆发。由于缺乏有效的元素循环，让不同元素重新回归地面和地下，金星空气中滞留了大量火山喷发带来的硫化物。稀硫酸烟雾构成了厚厚的金星云层，风力强劲，即使下雨也是硫酸雨，这对人类来说就是噩梦。

第四，金星上稠密的大气阻挡了几乎全部的阳光，使其根本无法抵达地面。金星内部一片昏暗，跟地球夜晚相当，只能偶尔看到硫酸云里的闪电雷暴和火山爆发的光亮。

第五，金星磁场也很弱，没有一个能够完整覆盖全球的磁场。对此，科学家至今没有给出完善的理论解释，但确定这个磁场很难保护生命。金星还有诸多炼狱般

（图源：NASA）

根据麦哲伦号搜集的数据绘制出的马特山（Maat Mons），
这是巨大的火山和恐怖的末日场景

的场景，大大不同于人类想象。

无论从哪个方面来说，金星都没有开发价值，苏联折戟于此，美国也在发射了几个探测器后基本放弃。金星看起来像爱神维纳斯一样美丽，实际上却比女妖美杜莎还要可怕。

相对而言，火星的条件就好多了，它是人类踏出地月系统唯一的选择。人类寄希望于火星成为地球之外的另一个人类家园。

当荧惑遇到战神

我们终于迎来了本书的主角——火星。在介绍火星之前，需要大致铺垫下背景，方便大家在后续阅读中更好地理解为什么古人形容火星的逻辑会非常一致。

仰望星空时，人类能够观察到的绝大部分星星是恒星。从前人定义恒星的角度而言，排除地球自转影响，人们认为恒星“恒定”，即这些星星都待在一个固定的位置上。前人得出这样的观察结果，是因为恒星距离地球乃至太阳系太遥远。例如，即便距离太阳最近的恒星“比邻星”，它与地球之间的距离也达到了 4.2 光年。这个距离约为 40 万亿千米，远大于地球围绕太阳运转的半径——1.5 亿千米，这两个距离相差很大。人类每天在固定时间从地球上观察，恒星的位置就几乎没有任何变化。普通人看到天上的星星在运动，是地球围绕地轴自转造成的，是观测者自己在动，而不是星星在动。对于那些更远的恒星而言，从地球上看，它们更像是固定在宇宙背景上的点。

相对而言，即便排除地球自转的因素，行星也总是“行”在夜空，这也是“行星”得名的来由。行星本身并不像恒星一样发光、发热，只能靠反射恒星的光线才能为人类所见，因而只有距离地球很近的行星才能被人看见。在古人眼中，天空中好像只有六个物体在不断运动：围绕地球转动，被称作卫星的月球；太阳系内五个距离地球较近的行星——水星、金星、火星、木星和土星。天王星和海王星距离地球太遥远，依靠天文望远镜、经过复杂的数学计算，才能被观测到。

古希腊天文学家喜帕恰斯提出了“视星等”概念，用来衡量人类观测到的天体的亮度。发展到今天，视星等成为一个区间为［-38,36］的星体亮度评价体系。视星等数字越大，代表星体看起来越暗，反之则看起来越亮。例如，在地球上看到的太阳亮度可以达到 -26.7 视星等，亮到人类肉眼无法直视；而人类肉眼可见的最暗极限在 +6 左右，再暗就完全看不到了。行星和卫星距离地球越近、体积越大、表面反射越强，当然也就越亮。距离地球最近的月球并不大，看起来却很大、很亮，正是因为它与地球的距离近，是地球的“小跟班”。另外五颗行星的目视效果则完全不同。

（图源：Pixabay）

我们在夜空中看到的大部分星星是恒星。从星轨来看，它们好像在运动，但实际主要是由地球自转造成的视觉印象

- 金星是距离地球最近的行星（从运行轨道来看），体积和质量与地球相当，是看起来最亮的行星。金星视星等区间在 [-4.9，-3.8]，白天都容易用肉眼看到。
- 木星距离地球很远，是太阳系内体积和质量最大的行星。其体积相当于 1300 多个地球，是人类眼中太阳系内亮度排名第二的行星，视星等区间在 [-3.0，-1.6]。
- 水星是太阳系内最小的行星，比月球略大。水星距离太阳最近，经常被淹没在太阳的光辉中，只有在早上或黄昏可以被观测到。水星看上去也比较暗，亮度变化极大，视星等区间在 [-2.3，6.0]。
- 火星是地球轨道外侧的第一颗行星，它的体积仅为地球的 15%，接收到的阳光强度也低于地球（仅 44% 左右）。因为距离地球近，火星很容易被人看到。可是，由于轨道特点，火星视星等区间变化颇大，达到 [-2.9，1.8]。关于这一点，后文将会详细介绍。
- 土星的体积和质量巨大，体积相当于 700 多个地球。它是太阳系内第二大行星，但距离地球非常遥远，视星等区间在 [-0.3，1.2]。

总之，火星是一个肉眼可见，亮度会发生变化的行星。自古以来，因文化差异，东西方对于这颗行星的认识截然不同。

东方视角——荧惑

中国古代天文学发达，几乎历朝历代都有观星台（天文台），也有专门官员负责。人们把天空中稳定的恒星划分为三垣、四象和二十八宿。由于恒星总是在固定时间出现在固定位置，五颗会活动的行星则成为古人最为重要的观测目标。“五行”是中国古代道教哲学的一种系统观，先秦《尚书》中已经有了五行的说法。“五行说”曾被广泛地用于对自然、社会和生活中的各种问题进行阐释，如占卜、医药和政治变动。在对这五颗行星命名方面，古人自然沿用了五行理论。

也许有人说，“五行”和五大行星根本扯不上一点联系。有意思的是，如果从

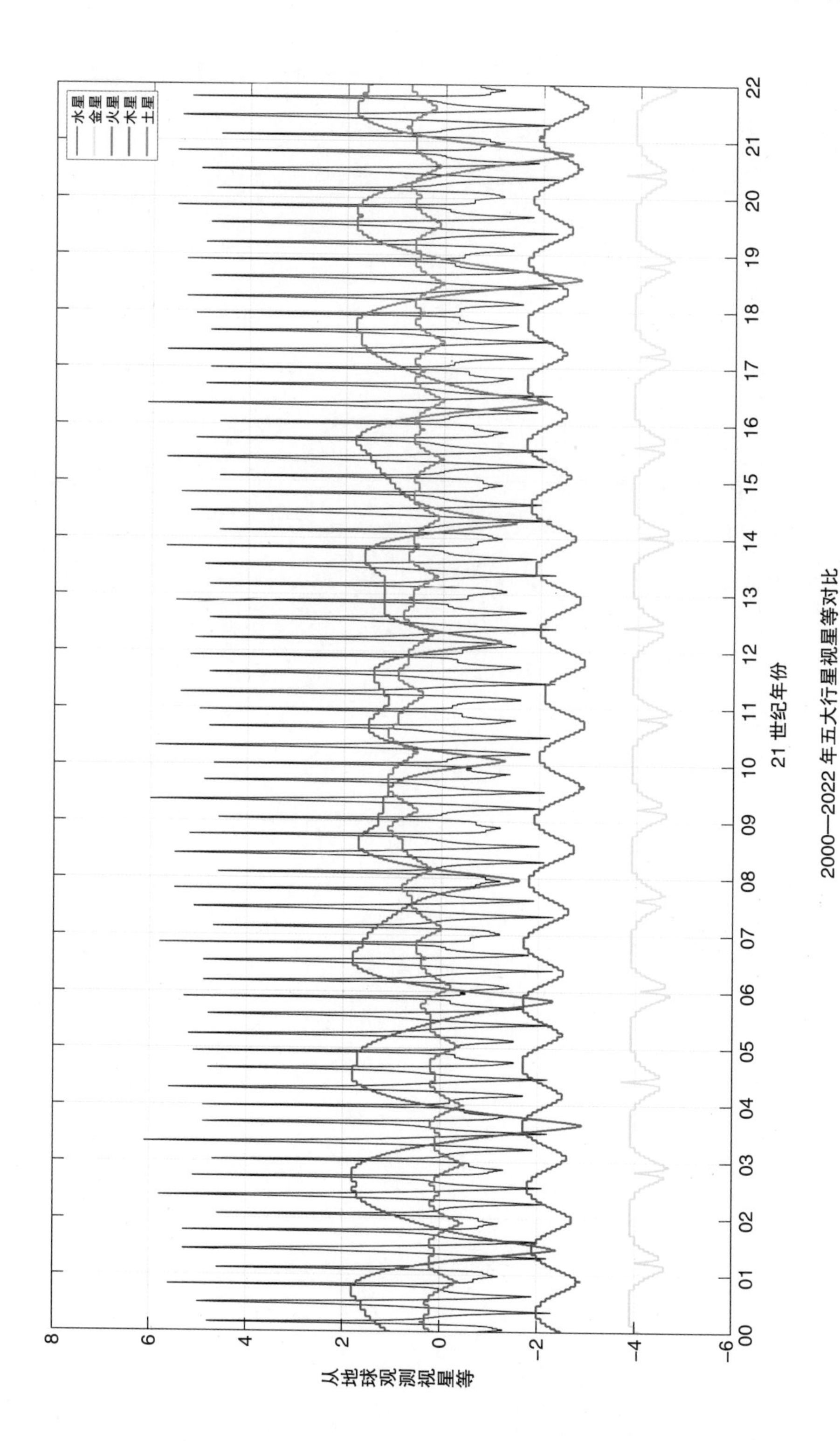

2000—2022 年五大行星视星等对比

国际通用的五大行星“证件照”来看，五行的说法还是能够和五颗行星“建立”起一些微妙关系的。金星最亮，颜色略微呈金黄色（硫酸云）。水星观测起来发暗，发黑。木星较暗，木星大气呈现青木色。土星浓密的大气呈现土黄色和土黑色。火星几乎一直可见，但视星等变化大，令人捉摸不定。由于表面存在大量氧化铁，火星呈现橙红色，看起来“荧荧如火”，所以在古代也被叫作“荧惑”。这五颗行星的颜色正好和五行中金、木、水、火、土五种对应物质相应的“颜色吻合”。不过，我必须郑重说明，这仅是一种形象说法而已，帮助大家对五大行星的外观有大体认识。我们还是把“五行”当作一种先人传下来的文化，没有必要深入研究，现代科学才是解释宇宙的唯一途径。

我们回归正题。火星之所以让人感觉诡异，被命名为荧惑，是因为它有一个很重要的特点：在地球上观测，它的运动轨迹非常奇怪，有时往前走，有时往后退。所以，火星的位置、亮度、颜色呈现出令人捉摸不定的特点。在中国古代，火星被当作战争、水患、瘟疫、地震等各种灾难的象征，被视为不祥之物。

其实，火星的轨迹变化是由它与地球的轨道周期和轨道位置决定的。火星距离太阳平均约 1.5 天文单位（地球距离太阳为 1 天文单位），每 687 天绕太阳一圈。从地球上看，地球与火星的会合周期大约 780 天，大概是地球一年时长的 2.14 倍，或相当于 2 年 2 个月。会合周期，意为每隔段时间，地球就会和火星在太阳系内“相遇”。所谓“相遇”，其实只是在地球上看起来火星出现在太阳系内同一相对方向而已。二者“相遇”后，由于地球的运动速度（更靠近太阳一些）要快于火星，火星在人的眼中就会从地球前面变到后面，出现神奇的先“顺行”再“逆行”现象，这一过程会持续几个月。

两颗行星的轨道周期和会合周期并非恰好是整数倍关系，这种逆行现象的拐点每次都会发生在不同月份，也就对应在不同的黄道星座内，例如 2014 年发生在室女座内，2016 年则到了天蝎座与天秤座之间。有意思的是，中国古人用一种特别的方式关注出现在天蝎座心宿二（阿尔法星）附近的火星逆行现象，给这种现象起了一个特殊的名字，叫作“荧惑守心”。

所谓荧惑守心，就是指火星顺行与逆行的拐点（被称作“留”）在天蝎座的心宿二附近。心宿二是银河系内一颗超大的红巨星，是天蝎座最亮的一颗星。它呈现血红色，也是夜空中较亮的星之一。在中国古人的意识中，心宿二和附近的心宿一、心宿三分别代表皇帝、太子和庶子。因此，每次发生象征灾难的火星在它们之间“留”的情况，就被认为是皇室面临重大威胁，被视为不祥之兆。

真正的荧惑守心大约每80年发生一次，此时火星的逆行轨迹位于心宿二附近。这仅是普通天象，在中国古代却往往会引发政治变动。荧惑守心成为政治斗争者攻击对手的理由。西汉丞相翟方进就是以荧惑守心为由被皇帝赐死的。但是，中国历史上“记录”的一些荧惑守心现象，并不能与现代研究结果对应，真实性存疑。

所以，在东方文化里，火星是一种不祥的象征，这源自其轨迹变化多端和难以预测的特点。

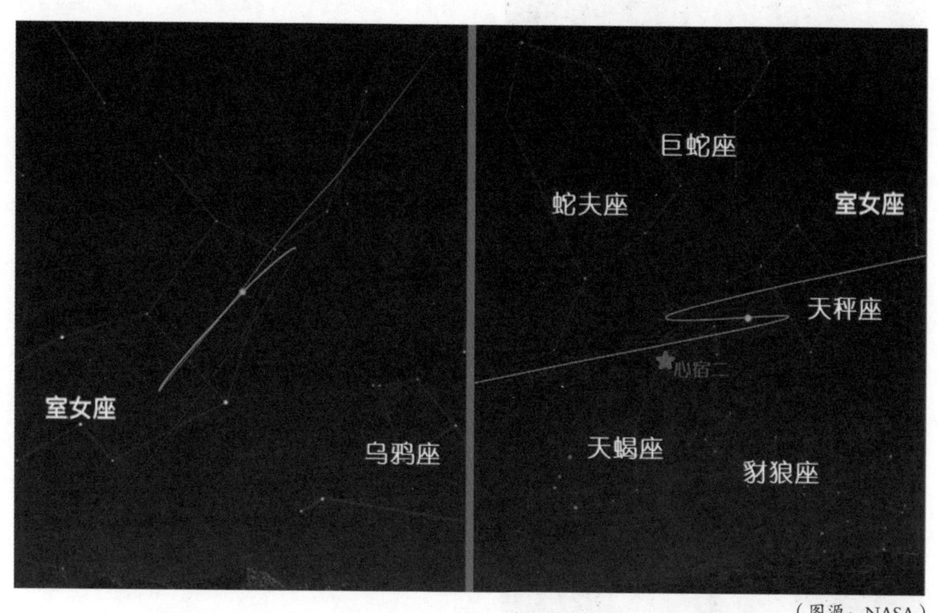

（图源：NASA）

美国航空航天局的帕萨迪纳观测中心在2014年（左）和2016年（右）观测到两次火星“逆行”现象

西方视角——战神

在人类悠久的历史上，西方人看到的火星与中国人看到的火星并没有什么本质上的区别：颜色略微橙红，运动轨迹捉摸不定，时亮时暗，难以预测。东西方历史总是非常相似，在古老的埃及文明和两河流域文明中，火星都被赋予死亡、战争与灾难的象征意义，被叫作“血红之星”“死亡之星”“瘟疫之星”等，影响了后来的古希腊和古罗马文明。希腊人用战神阿瑞斯（Ares）来命名这颗星球，认为它带来了战争、瘟疫与死亡。后人发现的火星的两颗卫星也因而沿用了阿瑞斯两个孩子的名字——福波斯和德莫斯。

后来的古罗马也相应地用战神马尔斯（Mars）来命名火星，这是今天被广泛使用的火星英语名称。不过，罗马神话对战神的态度发生了变化。随着罗马帝国版图的快速扩张，战神从一个人们心目中原本象征灾难和战争的神变成了象征胜利与辉煌的神，备受敬畏与尊崇。在神话故事中，战神的两个孩子罗马路斯和瑞摩斯成了著名的被狼养大的孩子，他们在后来创建了罗马帝国的首都罗马。“罗马”一词就来自罗马路斯的名字，他在政治斗争中杀死了弟弟瑞摩斯。有意思的是，火星的名字在历史上被换成了他们父亲的名字，而近代天文学家在为火星两颗卫星命名时却没有用他们的名字，而是用了阿瑞斯孩子的名字。

（图源：Jean-Pol GRANDMONT）

战神马尔斯雕像

英语中用来表示星期二（Tuesday）的词汇也与马尔斯有关。在拉丁语系里，原本星期二就是为了纪念罗马战神马尔斯，叫作 dies Martis，仅次于太阳神日（Sunday，周日）和月亮女神日（Monday，周一）。在后来的语言演化中，融合多民族语言的英语把这个战神替换为来自北欧神话的战神提尔（Tiw）。战神对西方文化的影响力由此可见一斑，也可以由此看出火星在西方人心目中的重要性。

事实上，观测火星对西方天文学的发展起到了重要作用，其中具有划时代意义并影响深远的，便是为地心说（又叫天动说）向日心说转变提供了有力证据。在漫长的人类历史中，根据日常生活经验，太阳、月亮和其他宇宙星辰都仿佛在围绕地球运动一般，地心说因此自然而生。地心说的核心人物是公元前 3 世纪大名鼎鼎的古希腊哲学家亚里士多德和公元 2 世纪的古埃及天文学家克劳狄乌斯·托勒密。地心说符合当时人们的认知水平。随着研究深入，天文学家们发现很多现象难以通过简单的万物围绕地球做圆周运动来解释。其中一个重要现象便是外围行星，尤其是火星运动的逆行现象。天文学家们又创造了所谓本轮和均轮的概念，不断对这套理论“修修补补”。

不少天文学家尝试用更成熟的理论来解释天体运行，其中最重要的人物便是波兰天文学家尼古拉斯·哥白尼。哥白尼在 1543 年去世前发表了在天文学史上影响深远的《天体运行论》，首次系统阐述了日心说。用哥白尼的日心说理论，无论太阳、月亮和地球之间的相互运动，还是火星逆行、土星逆行现象都可以得到合理解释。到了 17 世纪初，哥白尼的后继者伽利略·伽利莱对天文望远镜的改进和由此对木星四颗卫星（又称“伽利略卫星”）的发现，证明地球根本不是宇宙中心：至少那几颗“伽利略卫星”确实在围绕木星运动；木星并未围绕地球，而是围绕太阳运动。所以，太阳才是宇宙的中心。后续一系列发现彻底筑实了日心说的实验观测基础，成为普通人的基本认知。不过，在现代天文学看来，人类远没有能力解答宇宙中心到底在哪里的问题，因为宇宙实在太大了。

可以说，在西方文化中，火星完成了从邪恶到伟大的转变，它的“逆行”现象引导天文学向正确的方向发展。

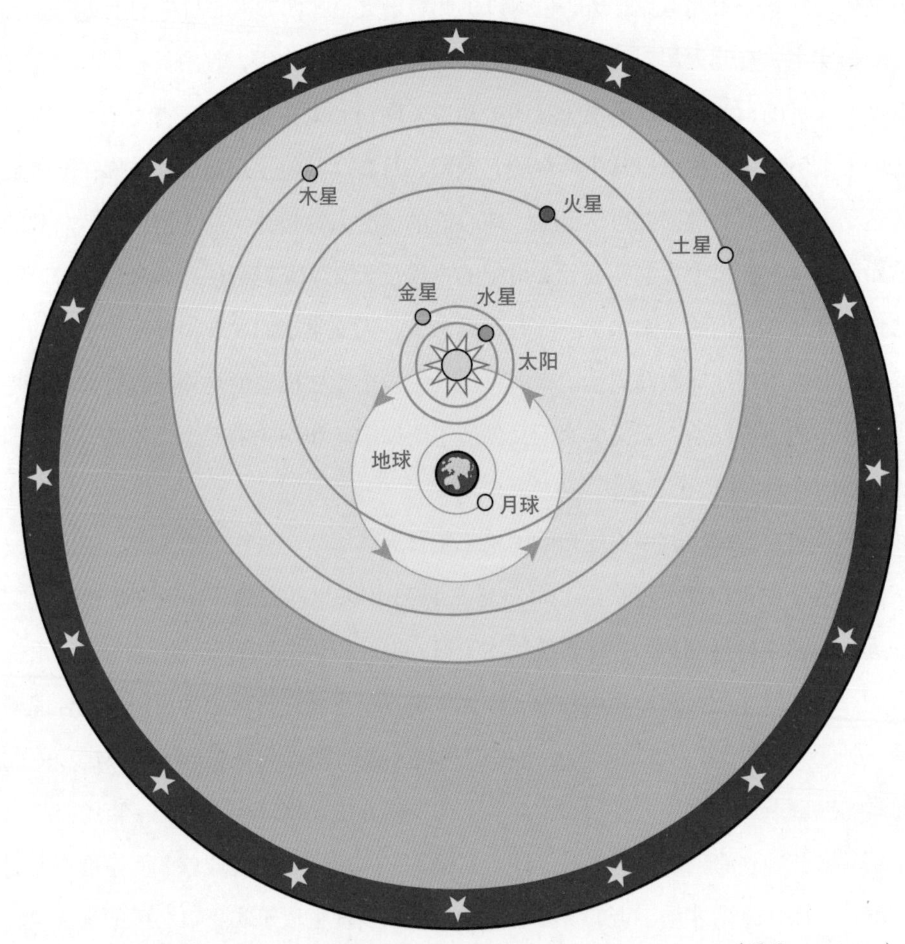

（图源：Fastfission）

16 世纪，著名天文学家第谷・布拉赫提出一个不同于日心说和地心说的“第谷体系”：地球在宇宙中心，月球和恒星围绕地球转，五大行星围绕太阳转

关于火星的基本事实

无论何种幻想或理论，都需要人类进行观察和验证。火星的真实情况到底是什么，是否如同金星一般让人类一度充满幻想，后来却失望至极呢？这里为大家介绍一下早期的科学家怎样获得火星的基本信息。

火星一年有多久?

在万有引力作用下，任何物体围绕其他物体运动时，距离越近运动速度就越快，运动周期就越短。人造地球卫星便是一个典型例子。中国的天宫实验室和神舟飞船飞到距离地球表面仅 400 千米远的地方，运动速度便达到了约 7.7 千米 / 秒。我们要知道这个速度是海平面声速的 22 倍之多，比世界上最快的狙击步枪子弹射出的速度还要快上 6 倍。它们绕地球飞行一圈只需要 92 分钟左右。而距离地球表面 35786 千米远的地球静止轨道上的北斗导航卫星的速度仅 3.1 千米 / 秒，连前者一半都不到，围绕地球飞行一圈的时间长达 24 小时，恰好与地球自转一次的时长一致。当然，这也是它被叫作地球静止轨道卫星的原因。因为在任何时刻在地面观察，它都仿佛被固定在天上一样，和地球同步运动。

同理，太阳系的行星也是如此。距离太阳最近、飞得最快的肯定是水星（47.9 千米 / 秒），从太阳处观看的轨道周期只有大约 88 天；最慢的肯定就是最远的海王星（5.4 千米 / 秒），它围绕太阳一圈至少需要 60327 天，大约 165 年。地球和火星就介于它们中间，相比地球每秒“飞行”约 29.8 千米，大约 365 天就围绕太阳转一圈的速度，火星的飞行速度仅 24.1 千米 / 秒，需要每隔 687 天才能绕太阳一圈。这个天数叫作“轨道周期”，是行星各自的“一年”。

前文讲过，在运动的地球上进行观察，其他行星的运行情况会有所不同。火星需要约 780 天围绕太阳运行一圈，这个时间叫作“会合周期”，这个差距是因为地球和火星同时运动造成的。每隔 780 天，地球围绕太阳运动 2 周又 49 度，而火星围绕太阳运动 1 周又 49 度。因此，从地球上看，火星重复出现在同一点和同一方向上，实现“会合”。这个会合周期对于探测火星极有意义，毕竟人类的火星探测器的出发点和目的地分别是地球和火星，在地球和火星距离最近之前几个月的窗口期发射对于探测会更加有利。

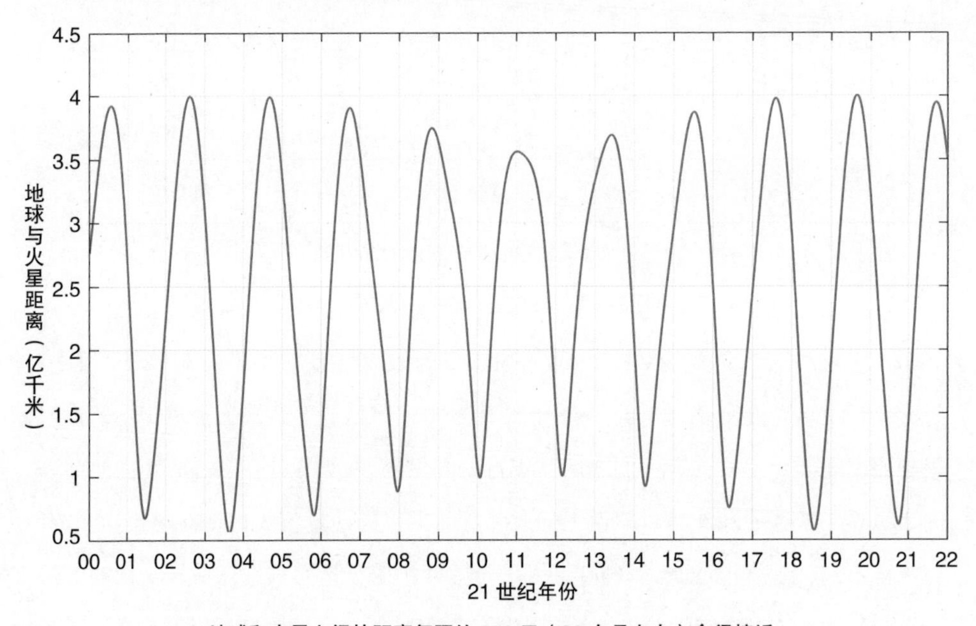

地球和火星之间的距离每隔约 780 天（26 个月左右）会很接近

同样的道理，海王星每 165 年才绕太阳一圈，但它与地球的会合周期却很短，仅有 367.5 天。其中道理很容易理解：在这么长的时间里，地球转了 1 圈又 2.5 度，而海王星仅转了 2.5 度。从地球上看，海王星好像再次出现在同一方向。

火星一年四季怎么样?

根据开普勒定律，任何行星的运动轨道都是一个椭圆。当一个椭圆的偏心率为 0 时，它就变成了人们最熟悉的圆。太阳系内大部分行星运动轨迹的偏心率都很小，因而看起来好像都是圆形轨道。当行星距离太阳较近时，能够接收到更多能量，自然更热，而距离太阳更远时就会更冷。在有大气温室效应的情况下，这种现象不会很明显。例如，不管是否照到太阳，金星全年温度几乎一样，这是由于高压、稠密的大气层具有保温功能。

火星的情况大不相同，它的大气层保温作用可以忽略不计，温度高低基本取决于距离太阳的远近。火星的运行轨道也比较特殊，椭圆偏心率接近 0.1（相比而言，地球轨道仅有 0.017），这使它距离太阳最远时达到 2.5 亿千米，而最近时仅为 2.1 亿千米。同样，根据开普勒定律，距离恒星越远时，行星运动速度就越慢，耗时越长，火星的季节长度因此并不一致。

火星的自转轴倾角为 25.2 度，与地球 23.5 度的地轴倾角非常接近，所以火星北半球和南半球气候条件也是完全相反的。当火星位于远日点时，太阳直射在北半球，北半球进入夏季，时间很长；而当火星位于近日点时，太阳直射在南半球，北半球进入冬季，时间很短。因此，火星北半球的夏季要比冬季长几十天，那里距离太阳略远而较冷。南半球进入夏季时，火星距离太阳更近，所以南半球的夏季偏热，太阳直射点附近可以达到人类能够适应的 35 摄氏度。火星南半球的夏季很短，冬天则很冷、很长。这种变化长期积累下来，导致火星南北极情况也很不同，两者有干冰和水冰组成的极冠，但北极冰冠的干冰在夏季几乎会蒸发殆尽。

所以，如果要选择在火星度假的话，北半球的夏季气候更加温和，与四季如春的昆明相似。但是，这只是人类的一厢情愿。火星大气稀薄，几乎没有保温作用。没有日照，火星表面温度会急剧下降，远远超过沙漠地带一天之内从 50 摄氏度到零下的变化。火星夜晚气温零下 100 摄氏度都是正常的。在这种情况下，人类在没有宇航服和基地的保护下完全无法生存。所以，我们暂时不要考虑度假的事情。

火星一天有多长?

行星自转一圈就是一天。由于形成条件和环境（如小行星撞击和卫星影响）的差异，不同的行星自转速度会有所不同。地球自转一圈是 23 时 56 分 4 秒，这是真实的自转时间。不过，如果你不怕热，站在太阳上持续观察地球自转的时间，一年平均下来就是每天 24 小时，这也是人类定义一天的标准，叫作“平太阳时”。火星自转一圈的平太阳时恰好与地球比较接近，仅比地球多 39 分钟。那些恨自己每天时间不够用的人，去火星就可以每天“多”出 39 分钟。

行星一天的时长由多种因素决定，科学家现在也没有弄明白到底发生了什么事情，导致不同行星一天的时长不同，因而只能进行个例分析。例如，很小的水星一天时长相当于地球上的58.6天。金星则更加极端，一天时长相当于地球上的243天，甚至比围绕太阳公转一圈的225天还要长。而且，金星是逆向自转，太阳在金星上是西升东落（实际被稠密大气完全挡住，看不到），白天和黑夜超过半年（金星年）。相较而言，处于太阳系外围的气态行星反而自转速度更快。例如，天王星需要17.2小时，海王星需要16.1小时，土星仅需要10.6小时，而木星只需要9.9小时就度过一天。度日如年的朋友可以到这些气态行星上体验一下时光飞逝的感觉。

不过还要介绍一个情况，相信你也猜到了，巨大的气态行星旋转速度如此之快，上面肯定有在地球上完全无法想象的风暴。例如，著名的在木星上已经存在了至少354年（1665年首次观测记录）的大红斑就是风暴，在这个风暴里可以塞下2 ~ 3个地球，里面的风速达到了120米/秒。而地球上12级风速也仅为32.7 ~ 36.9米/秒。木星大气密度和气压都与地球完全没有可比性，而且有极强的磁场和辐射，在这种环境下是不可能有任何类似地球生命的物种生存的。其他三个气态行星的条件也没有好到哪里去。如果人类还想征服那些极寒、偏远的世界，还是等征服火星之后再说吧。

火星有多远，有多重?

关于如何计算行星与地球的距离，一直是科学家面对的重大问题，毕竟不可能用一把大尺子来量。这个问题的解决方案之一就是大名鼎鼎的万有引力定律。对于有卫星的行星或者有行星的恒星来说，可以通过这种途径进行计算。这是因为，在环绕运动的过程中，万有引力起到了向心力的作用。

$$\frac{\mathrm{G}Mm}{R^2}=m\left(\frac{2\pi}{T}\right)^2R$$

$$M=\frac{4\pi^2R^3}{\mathrm{G}T^2}$$

在上面的公式中，G是万有引力常数，π是圆周率，它们都是常数（固定值）；卫星或行星的质量 m 可以通过公式化简约去。例如，为测量太阳的质量 M，可以

地球与木星大红斑对比。大红斑近年有缓慢萎缩的趋势

（图源：NASA）

将地球作为参照物。已知地球和太阳之间的距离 R（可通过金星凌日天象计算，本书不多做介绍）和地球的运动周期 T（1 年），通过计算就可得到太阳的质量。在已知太阳的质量后，人类只要观察到火星围绕太阳的周期就可以计算出它距离太阳有多远，也就知道火星离地球有多远。

同理，测量出卫星围绕行星运动的周期 T 和卫星与行星之间的距离 R，就可以推算出行星的质量。火星有两个卫星，火卫一（距离火星 9400 千米，周期 7.7 小时）和火卫二（距离火星 23460 千米，周期 30.3 小时），用两组计算结果互相校正，就能比较准确地算出火星的质量。火星质量是一个天文数字，重约 6.4×10^{23} 千克，但比起地球还是小了不少，仅仅是地球质量的 10.7%。火星是太阳系里仅比水星重一点的行星，是个小不点。

火星有多大?

将一颗乒乓球放在眼前，它几乎能把眼睛完全挡住，此时观测角接近 180 度。将乒乓球放在几米远，它就是一个小点，观测角只有一两度而已。如果能精确算出乒乓球距离人眼有多远，人眼的观测角是多少度，就可以推算出它的尺寸。

人类测定火星大小也是这个道理。不过，此时不能依靠肉眼观测，需要使用专业望远镜。如同前文介绍的测量火星和地球距离的方法，科学家可以从望远镜得出观测角大小，然后反推出火星直径。

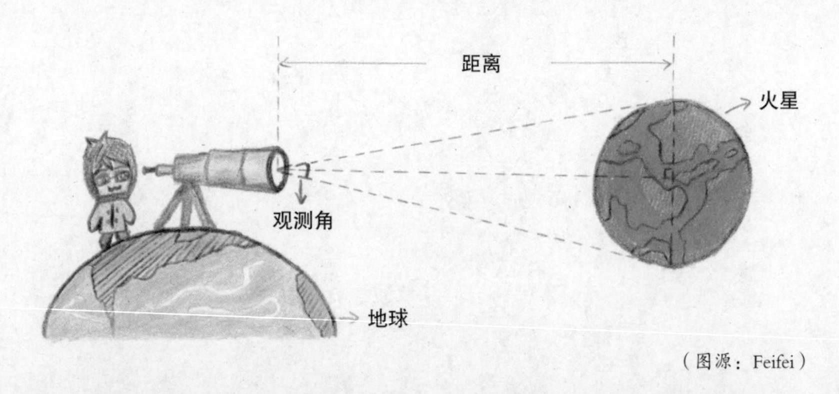

（图源：Feifei）

在已知距离和观测角的情况下，可通过简单的三角几何关系计算目标直径用这种方式，人类发现火星半径只有 3400 千米左右，大约是地球的一半。火星体积也很小，仅有地球的 15%。如果地球是一个网球，火星就大概跟乒乓球差不多，太阳系内最大的行星木星就像一个硕大的瑜伽球，而太阳就像一个超级热气球！

火星有没有磁场？

如果把地球看作一颗鸡蛋，人类就是生活在蛋壳上的微小生物，这层蛋壳就是地球所有生命接触的地壳。地壳仅仅 5 ～ 70 千米厚，最多有地球半径的 1% 左右，和鸡蛋壳相比，太“薄”了。更可悲的是，人类赖以生存的区域比地壳还要薄很多，仅是薄薄一层土壤和海洋而已；即便是高原地区，其厚度也不超过 10 千米。

在地壳之下，就是地幔和地核，直达地心。按照主流学说，地核由外向内分成外核和内核。外核最重要，这里是超高压、高温环境，几乎所有物质都处于熔融状态。重元素（如铁和镍）逐渐沉积到外核，其温度高达 4000 ～ 6000 摄氏度，还在不断缓慢流动。这部分处于熔融状态的外核被称为地球的“发电机”。地球内部的能量并不是直接来自太阳，而是来自地球形成之初残留的热量、早期的陨石剧烈撞击带来的能量和具有超长半衰期的放射性元素（如铀 -238、钍 -232）等，它们共同构成“地暖”系统。

地核内的铁、镍等金属在高温下缓慢流动，为地球上的生命带来了一种宝贵的财富——磁场。地球如同一个巨大的磁铁，地磁南极和地磁北极之间形成了一个巨大的网络，将地球包罗其中。这个网络实在太大了，可以有效保护地球周边数万千米的范围。虽然地球磁场强度很弱，连日常生活中一个普通磁铁的强度都不如，但已经足以屏蔽大部分太阳风和各种宇宙高能射线。对地球生物来说致命的辐射，有一部分被地球磁场束缚并引导到磁极，电离高层大气分子，激发出了绚烂无比的极光。

所有高温物体都有冷却的一天，行星内部也不例外。在这个过程中，散热快的星体更容易失去“发电机”和磁场，从而失去对大气和生命的庇护。生活经验告诉我们，体积越大、质量越大的东西保温效果越好。例如：在同一个锅里煮熟鹌鹑蛋和鸡蛋，把它们放入凉水。在一定时间内，鹌鹑蛋可以直接吃了，而鸡蛋还可能烫嘴。因为自然选择和对环境的适应，北方的熊（北极熊）和老虎（东北虎）比南方类似动物体积和重量更大。

因此，对行星而言，体积过小有一个致命缺点——散热过快。火星表面积有地球的 28%，体积仅有地球的 15%，表面积与体积之比相差更大，可见它的散热效率很高。想必大家知道我要表达的意思了：火星“发电机”几乎停止工作，火星只有极度微弱且分布不均匀的磁场，无法包罗整个星球，保护自身也就无从谈起了。

火星有没有大气?

行星自然形成的大气中有各种分子，它们能够吸收太阳风和宇宙射线的能量，从而获得一定动能。分子量越小，分子运动速度就越快，更容易超出行星引力环境下的“逃逸”速度，最终摆脱行星引力，消失在宇宙中。在磁场作用下，高能射线大部分被屏蔽，虽然低分子量、较轻的氢气和氦气等容易流失（正如地球大气一样），

（图源：NASA）

地球磁场庇护所有的生命

但以中高分子量气体为主的大气（氮气、氧气、二氧化碳等）可以被稳定保留下来。然而，一旦磁场消失，大气将更容易被具有强大能量的太阳风缓慢从星体剥离，绝大部分生命也会因为各种辐射而逐渐消失。金星是个特例，磁场很弱，非常干燥。由地质运动（如火山喷发）带来的气体很充足，再加上自身引力强大，使气体很难逃逸，二氧化碳无法进行碳循环，所以金星有稠密的以二氧化碳为主的大气。

火星就没有这么幸运了。由于内核逐渐冷却，这个小不点几乎没有磁场，自身引力很弱，没有足够的能力保有大气。在亿万年历程中，太阳风不断剥离火星外层大气，而这个过程是不可逆的。现在，在火星大气中，分子量小的大气分子几乎全部被剥离，仅剩下极少的以二氧化碳为主的分子量较大的气体。总体看来，火星几乎失去了所有的氧气和氮气。这两者在地球大气中占据近 99% 的比例，二氧化碳还不到 0.04%；而火星大气中二氧化碳占据 95.3%，还有 2.7% 的氮气，氧气仅有 0.1%。地球上“微不足道”的二氧化碳已经导致了严重的温室效应，火星上应该更为糟糕。但是，火星大气密度实在太低，连地球的 1% 都不到，全球温室效应几乎可以忽略。因此，对于失去大气保温效应的火星，日照区域和阴暗区域的温差会巨大无比。

与此同时，活跃的地质活动将地底的金属和碳、硫、硅、氢、氧、氮等重要元素以火山爆发等方式输送至地面，实现元素循环利用，才有创造生命和维持生命的可能。火星一旦冷却，缺乏地质活动，很多元素循环就会停止，陷入几乎不可能再次孕育生命的恶性循环中。没有生机，意味着火星大气处于单向流失的过程中，已经不再可能得到补充。

火星有没有卫星?

在太阳系里，金星和水星最孤独，没有任何卫星陪伴。它们距离太阳太近，复杂的引力摄动环境使其极难保有卫星。其他行星都有自己的卫星，它们一起组成了一个大家庭，火星也不例外。火星有两个“儿子”，即火卫一和火卫二，但它俩实在太渺小。火卫一的平均半径只有 11 千米左右，而火卫二的平均半径只有 6 千米左右，二者的引力不足以使其在形成时实现天体流体静力平衡；或者说，它们无法保持稳定的球形。

卡西尼号在 2013 年 7 月 19 日拍下的土星环，就是由土星引力撕碎周边物质形成的壮观景象

（图源：NASA）

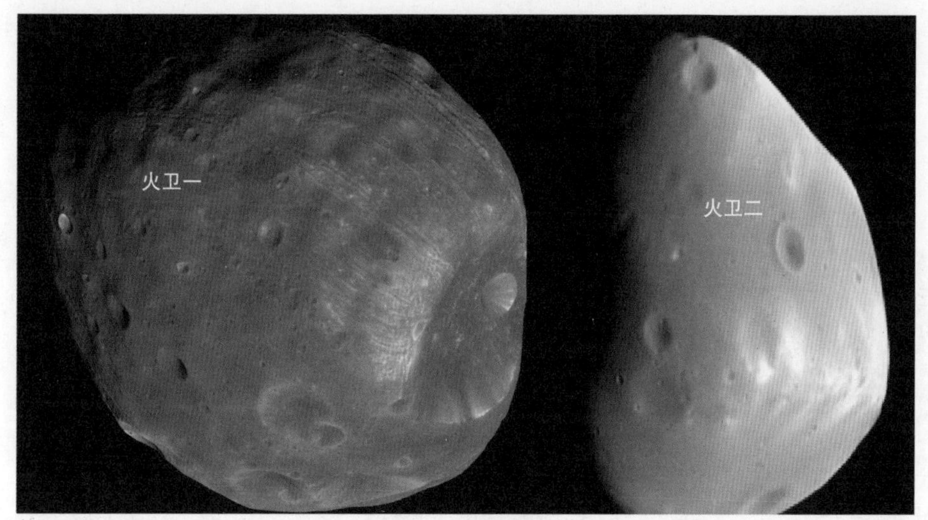

（图源：NASA）

火卫一和火卫二的形状很不规则，周身遍布撞击坑

月球距离地球38万千米，受到太阳系内复杂引力摄动的影响，它在不断远离地球（虽然只有平均3.8厘米/年）。相较而言，火星的两颗卫星距离火星仅仅9400千米（火卫一）和23460千米（火卫二）。它们的运动周期非常短，火卫一仅需7小时39分钟便环绕火星一周，火卫二需要30小时18分钟，远远短于月球绕地球一周的时长。火卫一和火卫二与火星的距离不同，运动周期不同，形状都不规则，它们受到的火星潮汐引力和其他作用力大小也不同。从长远来看，火卫一会慢慢靠近火星，而火卫二的轨道距离火星更远，受太阳系内其他星体摄动力的影响更大，有逐渐远离火星的趋势，甚至最终可能逃离火星。

天文学上有个概念，叫作洛希极限。当卫星靠近行星或行星靠近恒星达到距离的极限时，受到的潮汐引力会使其无法维持原状，因而解体。这跟两个天体的密度差和引力大小等有关。例如，地球对月球的洛希极限（岩质刚体）大约为9500千米，所幸月球距离地球远超这个长度，根本不可能解体。火星与两颗卫星的洛希极限大约为5470千米。按照现在的趋势，火卫一在大约760万年后将突破洛希极限而解体。

可以想象，解体后的卫星碎片并不会立即落向火星，它们会形成一个庞大的碎片环。这与土星数十万千米宽的行星环有点类似。土星周边的卫星含有大量岩石和

由于潮汐锁定的结果，人类只能看到月球一面

（图源：NASA）

水冰，不同物质的洛希极限并不相同，它们就在亿万年内被撕碎形成了风采各异的土星环，成为太阳系壮观的景象之一。不过，很不幸，未来的火星环可能不会这么美丽、壮观，而只是一个“土环”。

除火星环外，还有一个有意思的现象要介绍一下。受行星影响较大的卫星还会有一个现象，叫作“潮汐锁定”。当卫星围绕行星运动时，它会被引力吸引而倾向于“被拉长”，而被拉长的部分也在参与卫星本身的自转。如果卫星自转比公转慢，这个被拉长的部分就起到自转加速器的作用；如果卫星自转比公转快，这个部分则起到自转刹车片的作用。久而久之，就会形成独特的卫星自转时间和公转时间完全相同的现象。

在这种情况下，如果卫星被潮汐锁定，它自转一圈的同时围绕行星转了一圈，这就导致在行星上永远只能看到卫星的一面。这就好像小时候做游戏，你围绕小伙伴转圈。你一直把拿着礼物的手放在背后，小伙伴只能看到你的正面，看不到你背后的手。

最经典的例子就是月球。月球早在亿万年前已被潮汐锁定，人类只能看到月球一面。由于月球的天平动现象（受月球轨道偏心率、月球自转轴与绕地球轨道夹角影响），人类只能周期性看到最多59%的月球表面，其他部分永远无法从地球上看到，因而被叫作“月球背面”。2019 年 1 月 3 日，中国的嫦娥 4 号探测器和玉兔 2 号月球车在人类历史上首次在月球背面着陆，它们的使命就是发现月球背后的秘密。

从理论上讲，潮汐作用是相互的，比如月球也在逐渐拉长地球的自转时间。但是，月球引力过小，这种影响微乎其微，每百年的影响积累下来才会导致地球上的一天延长 1.8 毫秒，对进化历史很短的人类而言几乎没有影响。历史上的月球对地球的演化起到了重要作用，它让地球自转时间延长到今天的约 24 小时，比起曾经可能以 8 ~ 10 小时为周期的疯狂自转好太多了！月球让地球“冷静下来”，在地表环境稳定下来后，地球才有了更理想的孕育生命的条件。

火星两颗卫星，如同月球一样，早就被潮汐锁定。如果你住在火星上，考虑到火星自转和火卫一的超快移动速度，在一天之内能看到两次火卫一西升东落的奇异景象。火卫二的运动却大不相同，它的轨道周期比火星自转还长，从火星表面看来它是在“正常地”东升西落。无论何时，大家只能看到这两颗卫星的正面，是不是会疑惑它们的背面到底有什么？

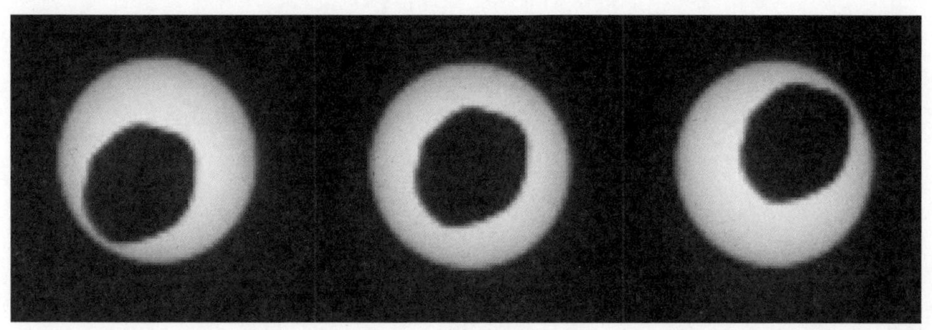

（图源：NASA）

2013 年 8 月 20 日，好奇号火星车拍到的火卫一“凌日”现象

火卫一和火卫二距离火星总体比较近，因此很容易看到它们从太阳前飞过。不过，两颗卫星太小，从火星表面看来，它们无法完全遮挡住阳光。火卫一只是像黑压压的一片云一样迅速“飘过”，并不能引发日全食，只能出现以秒来计的凌日现象。火卫二距离火星更远，体积更小，看起来像是太阳上飘过的一个小黑点。总有一天，火卫一会逐渐解体成一个大环，围绕火星运动。但是，那一点也不好看，因为总有高空坠物时不时地砸向火星表面，如噩梦一般。而火卫二也将最终消失在人们的视线里，滑入宇宙深处。

火星为什么是红色的?

火星周身呈现橙红色，甚至肉眼用望远镜就可以看出来。古人为此将火星作为不祥的象征，如战争、瘟疫。早期的观察者很难理解火星为什么会呈现出这个样子。人类发射太空探测器后，才逐渐解开火星表面为什么呈现橙红色的千古谜题：红色的氧化铁！铁有可能是在古老的火星处于活跃的地质活动期时来到火星表面的。在漫长的时间里，铁与氧发生化学反应，形成氧化铁；在火星地质运动不活跃的情况下，氧化铁得以长期留在火星表面。

火星大气非常稀薄，有日照和没有日照的区域温度和气压差距非常大，导致火星上的风速非常强，平均风速是地球的数倍。火星上没有任何植物，以及广阔的水源和湿润的土壤，裸露的地表好比地球上荒无人烟的沙漠。在陨石冲击和风蚀的长期影响下，火星上的沙土变得极为细密。在狂风甚至席卷全球的风暴作用下，红色的氧化铁飞遍全球，使火星看起来更是红色的了。不过，火星上的空气密度很低，大家不要认为火星风暴的破坏力很可怕。电影《火星救援》描述风暴吹倒火箭，实际上不可能，只是剧情需要。这就好比水流速度跟风速没得比，而洪水破坏力一般比狂风造成的危害要大得多。由于大气密度有差距，火星风暴的破坏力比起地球上的风暴来，是小巫见大巫。

火星地形怎么样?

1997年,“火星全球勘探者号”抵达火星。科学家利用它的激光测高仪探测数据，第一次绘制出了全面的火星地形图。后续的火星轨道探测器进一步提高了火星地形图的分辨率。通过地形图，我们可以明显看出火星北部是个地势较低的巨大平原，不难想象那里充满水之后会是巨大的海洋。靠近火星赤道的有火星第一高山，也是太阳系第一高山的奥林帕斯山和其他几座高山；其东部绵长的“水手号峡谷”非常明显，这也是太阳系最大的峡谷。火星南纬40度附近有巨大的“希腊盆地”，这可能是由亿万年前的巨大小行星撞击形成的。相比北部的平整地形，火星南部散布着各种撞击坑，全是山区。火星两极常年比较冷，有巨大的冰盖。火星冰盖是由水冰和干冰组成的，与地球两极截然不同。

从地形图提供的数据可以看出，火星北部一定经历了巨大的地质运动，如北半球蔓延的巨大岩浆。出现这种情况，而且基本局限于北半球，必然是由于外部力量。所以，有假说推测火星北半球曾遭遇类似冥王星或月球大小的小行星或矮行星撞击，使火星北部的液态内核暴露出来，岩浆乱流。其后，北半球地貌变得平整，大部分被甩出的物质进入（甚至形成）火星和木星之间的小行星带，留下的就是火卫一和火卫二。这次撞击发生的时间距今应该不是很久远，因为北半球地质情况整体比较新，陨石撞击坑数量和密度远少于南半球，在地下探测到很多被岩浆流掩盖的撞击坑。对火星、水星和月球这种缺乏大气和复杂地质运动的星球而言，表面撞击坑往

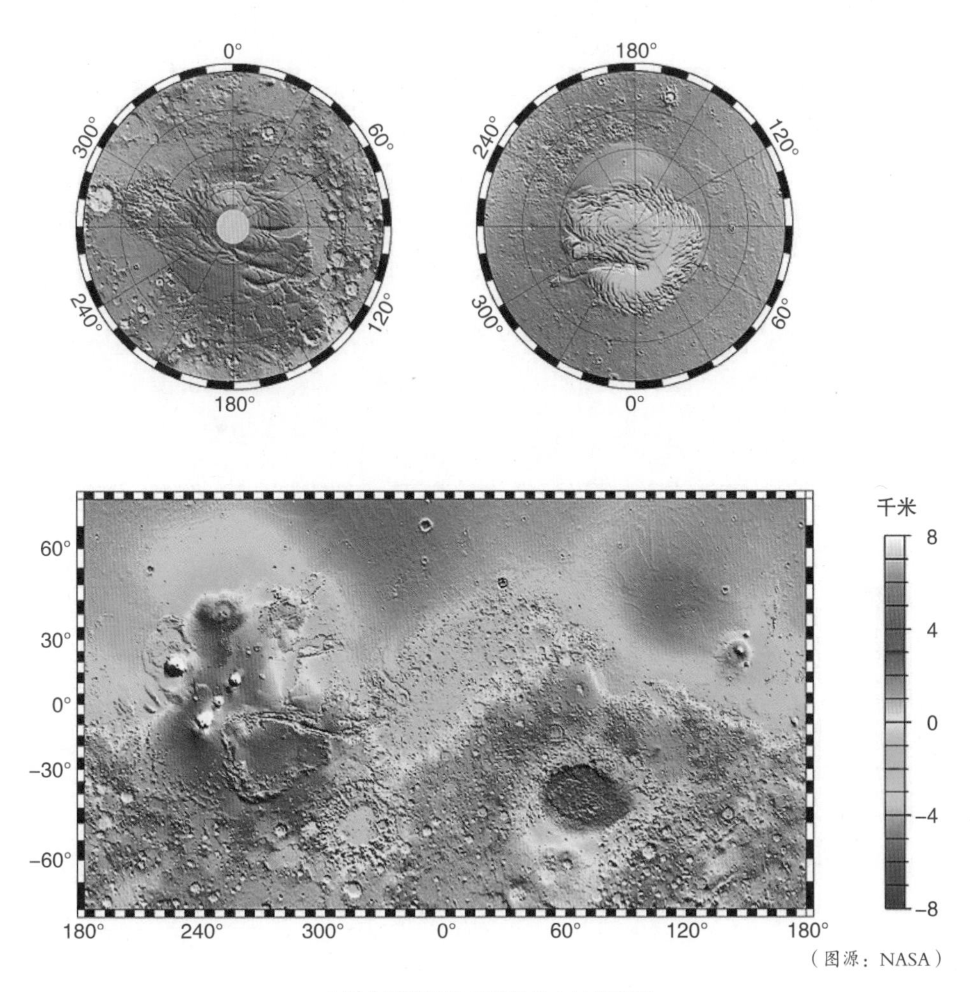

（图源：NASA）

火星全球勘探者号获得的火星地形图

往能够保存亿万年。考虑到陨石撞击的情况是随机发生的，因而可以通过某个区域撞击坑的数量和密度判断当地的地质年代和历史。

可悲的是，火星原本体型较小，保温效果有限，这次撞击可能加快了火星内部热量的损失进度。与地球遭遇的小行星撞击灾难相比，火星的遭遇不幸得多，它的命运被彻底改变。

火星上有没有水?

从理论上讲，火星并不像水星一样接近太阳，而水星被太阳炙烤并被太阳风疯狂袭击，极难有水存在。火星处于太阳系内的宜居带上，最高温度不超过水的沸点，水在低温情况下可以凝结成冰，在理论上应该能够存在。

但是，由于大气的缺陷，火星表面很难有水存在。气压越低，水的沸点就越低。在地球上，水在海平面的沸点是100摄氏度，到珠穆朗玛峰上就只有70摄氏度左右。珠峰气压有海平面气压的30%左右，而火星上的气压连地球海平面的1%都不到，接近真空状态。在完全真空的情况下，水的沸点接近0摄氏度，这意味着火星表面不太可能存在液态水，更何况火星表面温度会达到30摄氏度。由于缺乏磁场保护，水在太阳风的强大作用下会蒸发，能够摆脱较弱的火星引力束缚，逐渐进入太空。而且，在辐射作用下，水分子会被分解成游离氢和氧，而氢原子更容易逃逸。

因此，目前的研究证明，火星表面很难存在液态水，只有在极其特殊的环境下可能存在季节性液态卤水（还需要进一步证实）。不过，大家也不必太过失望，有些探测研究证明，在火星地下有冰块，火星土壤水含量有2%～3%。在火星两极厚厚的干冰冰架下，有大量固态水冰，甚至有地下液态水湖的痕迹。对这些水源进行开发利用困难重重，但水能够在火星上发现已经足够令人惊喜了。

火星上到底有生命吗?

我把火星的基本情况介绍到这里，相信大家已经对它有非常清楚的认识：昼夜温差极大，空气极其稀薄，磁场很弱，太阳和宇宙辐射极强，几乎不存在液态水。所有一切还在变得更加糟糕，地球生物成功生活在火星上的希望极其渺茫。

但是，还是有科学家相信火星上有存在生命的可能。我们知道地球生物的多样性，很多生物旺盛的生命力让人感到可怕。例如，在大洋底部几百摄氏度的火山口附近生活着庞大的生物群落。那里几乎没有氧气，盐分很高，剧毒物质随时从地底涌出。生活在那里的生物完全不依靠太阳的能量，而是依靠从火山口喷射出来的化学物质生活，形成了庞大的生物群落。在距离地球表面400千米的国际空间站的表面，发现过地球上的简单微生物的痕迹。那里温差极大，从200摄氏度到零下200摄氏度，而且宇宙辐射强度大大高于地球表面。科学家推测，可能是一些极其特殊的情况（例如，高层大气剧烈变动）使这些微生物冲出大气层，附着在迎面而来的国际空间站表面。这些微生物依靠自身强大的适应能力在恶劣的太空环境中生存。由此可见，即使火星的生存条件多么恶劣，也可能有生命存在。

推测火星上存在生命绝不是无稽之谈，我们来看一下被誉为“生命力之王”的水熊虫，就会相信火星上存在生命的可能性很高。这种肉眼难以看见的生物可以在含水量仅3%的环境中休眠（晒干的香菇含水量仍有11%～13%），可以在零下272摄氏度（宇宙最低温度为“绝对零度”，即零下273.15摄氏度）的环境里生存，可以承受数百倍大气压，可以在真空中存活10天，可以在150摄氏度中存活，可以承受的辐射剂量是人类的数百倍。水熊虫碰到“不舒服”的环境就会进入“冬眠”状态，甚至10年后还能够“满血复活”。它是名副其实的超级“小强”。地球上现已发现的水熊虫有900多种，这种顽强的地球生命的数量真是无法预测。对水熊虫来说，火星表面的生存条件并不算最恶劣。

火星地下可能是另一番光景：人类探测器已经发现固态水冰和疑似地下水湖泊的存在。在厚厚的土壤层保护下，那里的宇宙辐射、温度变化等情况比火星表面好很多，还有足够的碳（毕竟火星空气中绝大部分是二氧化碳）、氧、氢和微量元素等生命基本构成元素。人类目前发射的探测器在火星上空和表面做过研究，对火星地表的探测深度仅仅达到几十厘米而已。火星地下到底隐藏着什么秘密，还有很大的探索空间。

地球上有大量生命存在这个事实，已经说明两个重要问题：第一，宇宙中生命出现的概率尽管极低，但绝不是零。第二，地球上存在亿万种不同的生命，宇宙生

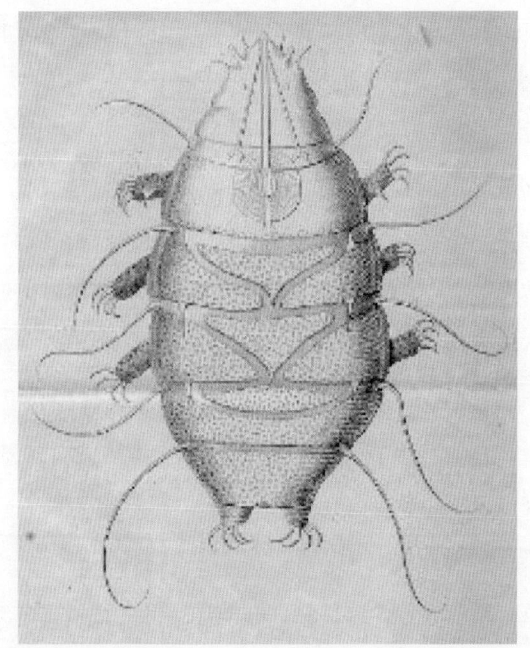

（图源：Schultze, C.A.S，1861）

1773 年，德国动物学家约翰·奥古斯特·埃弗拉伊姆·格策将这种奇怪生物起名为“水熊虫”

命的形态极有可能更加复杂，甚至不限于地球生命的碳基形式，会大大出乎人的意料。

宇宙无边无际，如果真的只有地球存在生命，实在是一种浪费。

不过，基本可以确定，无论火星发生过什么，它目前已经不可能支持复杂的、类似地球上的大型生命体的存在，最多让类似微生物的简单生命体存活。在没有其他生物（人类）的干预下，火星目前的生存条件只会进一步恶化。也就是说，假如火星已经存在生命，它们最终生存的可能性还会进一步降低。

因此，火星上的生命最多只是简单结构的微生物，这与科幻小说中想象的高度文明的外星人相去甚远。但是，对人类而言，这些微生物足以被叫作外星生命，足够颠覆人类的宇宙观了。

如果真有机会，人类一定要亲自去拜访它们，与隔壁的邻居畅谈地球、火星甚至太阳系的历史！

（图源：NASA）

第二章

火星探测从无到有

人类第一次观测火星，或许就是百万年前在非洲丛林完成的。不过，对古人类而言，火星只是一个看不懂、抓不到的光点，甚至没有一只萤火虫有意思。在后续的人类进化历程中，人们看这个光点的次数越来越多，便梦想突破天空的桎梏，一探究竟。

肉眼可见的火星

在历史上，人类早期的天文观测几乎都依赖肉眼，借助简单的天文观测装置辅助记录星体位置，没有任何设备能够让人类看清各种星体的真实面目。后来，望远镜，尤其是天文望远镜的出现，使这一切得到了巨大的改观。

1608 年，荷兰眼镜师汉斯·利伯希在跟两个小孩玩透镜时，惊奇地发现将不同透镜组合可以看清楚远处的物体。精明的汉斯立即制作了世界上“第一个”双筒望远镜并申请专利。由于这不算复杂的发明，很多荷兰人争先恐后地申请专利，利伯希最终并没有被授予专利。与此同时，意大利著名天文学家伽利略也一直在研究如何进一步观测星体。1609 年，伽利略改进汉斯的望远镜，成功制造出世界上第一个天文望远镜。伽利略望远镜以一个直径和焦距较大的凸透镜为物镜，以一个直径和焦距较小的凹透镜为目镜，可以将物体放大 32 倍左右。借助望远镜，伽利略第一次看清楚了月球表面的样子。随后，他又把目光投向木星，在那里发现了木星的四颗卫星。后来，这四颗卫星被命名为“伽利略卫星”，以表彰他对人类的天文学事业做出的巨大贡献。

随着天文望远镜的不断改进，火星外观也从一个橙红色的小点逐渐具有阴暗和明亮交加的轮廓。人类逐渐意识到火星上面可能有各种地形、地貌，甚至猜测那里有高山、峡谷、冰盖和湖泊。人类用各种有地球特色的名字命名火星上的地理区域，如太阳湖 / 海、大瑟提斯高原、亚马孙平原、希腊盆地等。人们还看到了类似河道一样的峡谷，仿佛是用来灌溉的水渠。人类对火星存在生命乃至文明的幻想越发浓厚。

（图源：Justus Sustermans，1636）

伽利略和他的天文望远镜

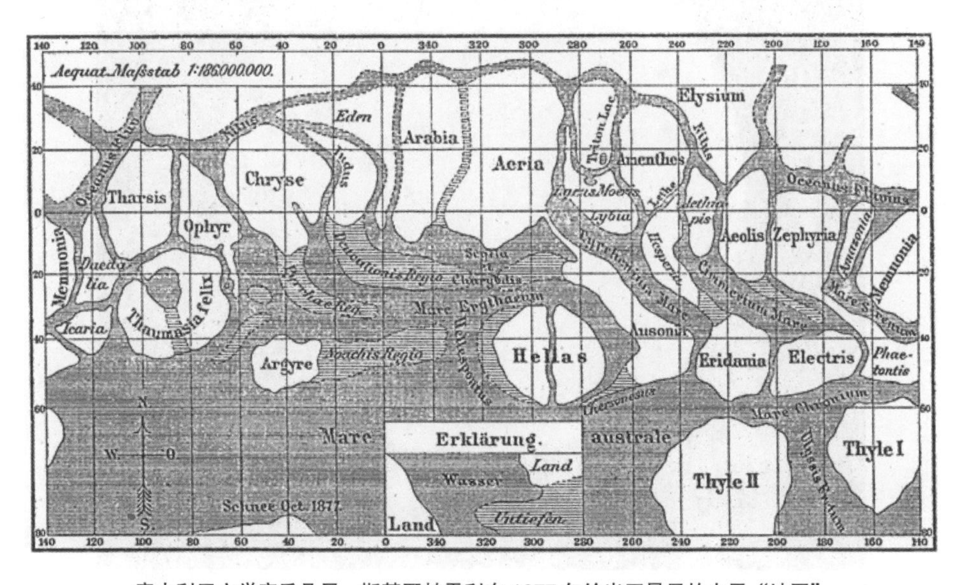

意大利天文学家乔凡尼·斯基亚帕雷利在 1877 年绘出了最早的火星“地图”

随着技术的进步，尤其是借助20世纪后技术更先进的光学望远镜，人们可以看清楚火星的更多细节。科学家发现火星上好像有一层薄薄的大气，看起来气压比地球低。火星可能存在类似月球表面一样的大量撞击坑，暗示其不存在大量的地质运动和气候变迁，可能是一颗不再活跃的星球。有些天文学家怀疑火星的环境跟地球差别很大，因为它太小，距离太阳更远。

种种迹象表明，火星不一定存在类似地球的复杂生物圈，但这并不能说服每个人。关于火星是否存在高级生命的讨论，人类逐渐划分为两派。乐观的科幻作家和普通大众总是在幻想高度发达的火星世界和火星家园，认为那里存在高级智慧文明。而科学家则大多持悲观态度，认为火星最多只能存在简单生命，甚至一片荒芜，距离产生地球这样复杂的生态系统非常遥远。

（图源：NASA/ESA）

哈勃太空望远镜在2016年拍摄的火星，从图中可以看到火星有稀薄的大气

遥远的火星和地球相隔以亿千米计的距离，还隔着浓厚的地球大气，火星上面也有稀薄大气，偶尔会刮起席卷全球的沙尘暴。因此，光学观察受到很大的影响。事实上，很多年后，飞出地球大气层的哈勃太空望远镜也无法清晰拍下火星表面的每个细节。科学家需要“眼见为实”，最好的方案当然是派探测器甚至宇航员前往火星，甚至降落到火星表面，一探究竟。

因而，对数百年前的天文学家而言，人类头顶的蓝天是限制幻想的天花板。

疯狂的火星探测竞赛

从远古到今天，人类对火星的幻想从未停止，探索这片未知领域的脚步也从未放慢。科技的进步使人们的一切天文幻想成为可能，但是，推动科技进步的原因可能并不光彩。航天技术的发展就是出于战争的需要。武器装备越先进、杀伤力越强，在战场上取胜的可能性就越大。

第二次世界大战期间，战争的需要推动了技术的发展。德国 V2 火箭的出现，意味着现代火箭技术的突破，这也是航天运载火箭的先驱。1942 年，纳粹德国发射 V2 火箭（导弹）进入太空，成功越过了象征太空与地球边界的卡门线，这里距离地球表面已经有 100 千米。自人类文明诞生以来的飞天梦想，不经意间就变成了可以期望的未来。

德国战败后，盟军在德国的火箭研究基地发现，那时德国人已经在研发可以直接从德国攻击美国本土的洲际导弹，最先进的 A12 导弹甚至可以携带 10 吨的巨大战斗部进入地球轨道。

德国的技术、资料和人才成为美、苏阵营秘密抢夺的对象。在这场争夺战中，美国人毫无疑问取得了领先。他们秘密进入应该是苏联控制区的 V2 火箭生产基地，搬走了大量资料和成品或半成品 V2 火箭，还通过“回纹针”行动秘密保护了以沃纳·冯·布劳恩为代表的一大批德国火箭专家，让他们前往美国。事后证明，冯·布劳恩在人类航天历史中的地位无人能比，他是当之无愧的世界最伟大的火箭设计师。

他的代表作便是大名鼎鼎的土星 5 号登月火箭。土星 5 号重量达到 3000 吨，近地轨道的运送能力达到 140 ~ 150 吨级别。土星 5 号让许多后来者难以望其项背，要知道，那可是在 20 世纪 60 年代。土星 5 号除在执行阿波罗 6 号任务时出了小问题外，在其余发射任务中保持了 100% 的成功率。

苏联人不甘落后，在美国“回纹针”行动后开始公开争夺人才。随着核武器和

（图源：NASA）

土星 5 号火箭及其设计师沃纳·冯·布劳恩

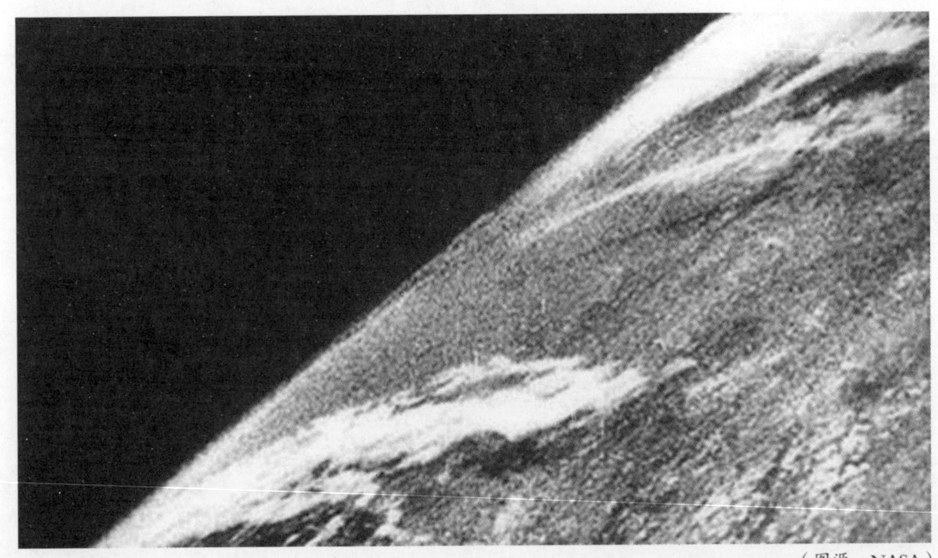

（图源：NASA）

1946 年，美国建造的新版 V2 火箭携带相机进入太空，拍下了人类首张太空照片

从 V2 火箭衍生的洲际导弹相继诞生，太空竞赛不期而至。1957 年，斯普特尼克 1 号在苏联的拜科努尔发射场秘密升空。此举极大地震动了美国人，因为这意味着每隔 90 分钟就有一颗苏联卫星绕地球一圈。这对美国人带来的心理冲击可想而知。1958 年，美国通过了《美国国家航空暨太空法案》，组建了国家航天委员会，最终建立了美国航空航天局。

美国政府将巨大资源投入航天事业当中。美国航空航天局在 1967 年拿到的经费占美国联邦总预算的 4.5%，而如今的预算所占百分比仅有 0.44%，它在那个年代的影响力可见一斑。

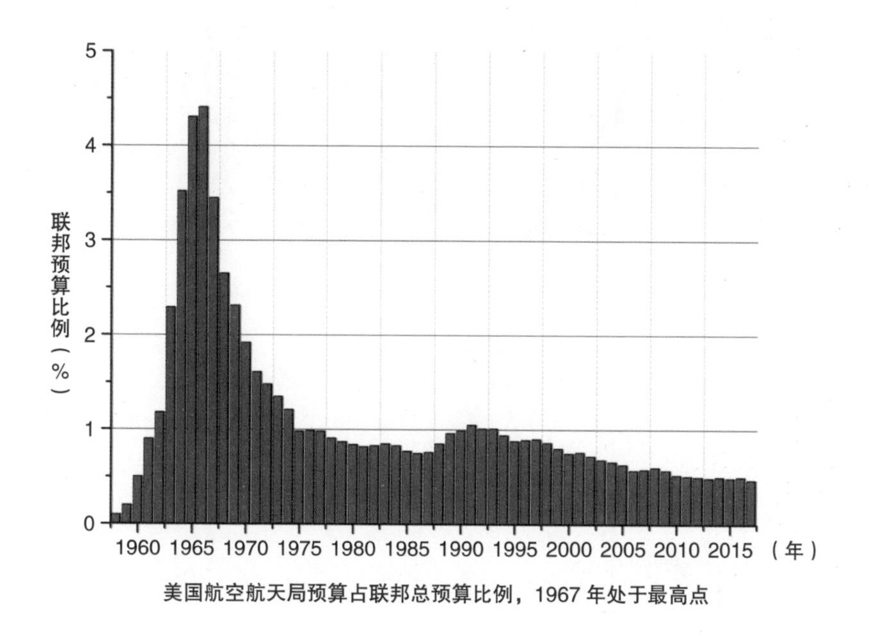

美国航空航天局预算占联邦总预算比例，1967 年处于最高点

苏联在航天事业上的投入丝毫不亚于美国，而且在各方面都领先美国一步。苏联人发射了第一枚洲际导弹（1957 年，R7 导弹，由 V2 系列火箭改造）、第一枚航天运载火箭（1957 年，由 R7 导弹改造）、第一个月球探测器（1959 年，月球 1 号）。同时，苏联还拥有世界上第一位男性宇航员（1961 年，尤里・加加林）和世界上第一位女性宇航员（1963 年，瓦莲京娜・捷列什科娃），一时辉煌无比。

（图源：NASA）

火星 1 号

军事竞赛在继续，科学家的梦想也在继续。天文学家希望人类将航天探索的方向能够瞄向梦寐以求的火星。1960 年，苏联的两个火星探测器秘密发射升空，遗憾的是，它们都没有成功离开地球。1962 年，苏联又发射了三个火星探测器，又全部失败了。

这似乎开启了苏联人乃至俄罗斯人的魔咒，在随后的几十年内，他们往火星发射了 20 多个探测器，没有一次完全成功，最大成功仅是着陆火星十几秒而已，几乎没有收获有效数据。这与苏联探测金星的辉煌成绩相比，令人难以想象。火星探测似乎成为苏联一道无法逾越的难关。

水手4号：火星探测大幕开启

苏联开局不顺，美国同样倒霉。1964 年 11 月，美国首个火星探测器水手 3 号发射，但在星箭分离阶段失败。

在这种情况下，它的姊妹探测器水手 4 号顶着巨大压力在 11 月 28 日发射，最终完成了人类首次探测火星的实验。探测器大约有 3 米高，四个太阳能帆板展开后整体宽度近 7 米，足以放满一所小房子。其实，这些太阳能帆板产生的电能功率有限，只有 300 瓦特左右，和夜晚普通居民家里房屋开灯照明的消耗量差不多。

水手 4 号配备了探测磁场、宇宙射线、高能粒子、太阳风、太空尘埃等方面的仪器，更像是在执行一个太阳系深空探测任务。这也符合它的定位：探测火星实际上是飞掠火星，靠近火星的时间仅占计划任务不到 1% 的时间。绝大部分时间，它都飞在茫茫深空中。水手 4 号同时配备了极其重要的相机。那时的相机不像今天的手机一般使用成熟的感光耦合元件（CCD），只能通过简单的摄像管将图像信号记录并转换为数字信号。完成飞掠火星任务后，记录的数字信息经过压缩传输，在地球上再现出来。

由于飞掠距离较远，相机的镜头设计得类似望远镜。用过望远镜的朋友可能有经验，必须把望远镜扶稳，否则一丁点儿抖动都会使画面剧烈晃动。航天器上的相机也是如此，必须保证安装在探测器底部的相机稳定对准火星，否则就会错过稍纵即逝的机会。为确保飞行姿态稳定，水手 4 号运用了最初的恒星敏感器。这个恒星敏感器通过锁定太阳和全天第二亮的老人星（位于船底座）的位置，来确定探测器的准确姿态。当然，如今的恒星敏感器技术已有巨大进步，目前航天器的姿态确定精度已经到了角秒①级别。

1965 年 7 月 15 日，水手 4 号在火星上空约 1 万千米的位置成功飞掠而过。大家不要对这个数据失望，感觉离火星很远。实际上，在航天深空探测领域，这已经是很近的距离。例如，各种地球通信卫星距离地表 35786 千米，更何况这个以火星为目标飞行了超过几“亿里”的探测器。对水手 4 号而言，这个距离足以完成既定目标。在与火星近距离接触的数小时内，水手 4 号拍下了 22 张火星照片。这些照片是人类首次拍下的其他行星的近距离照片。

水手 4 号拍摄的图像加在一起只覆盖了火星表面约 1% 的范围，但依然具有划

① 圆是360度，1度可以分为60角分，1角分又可以分为60角秒。

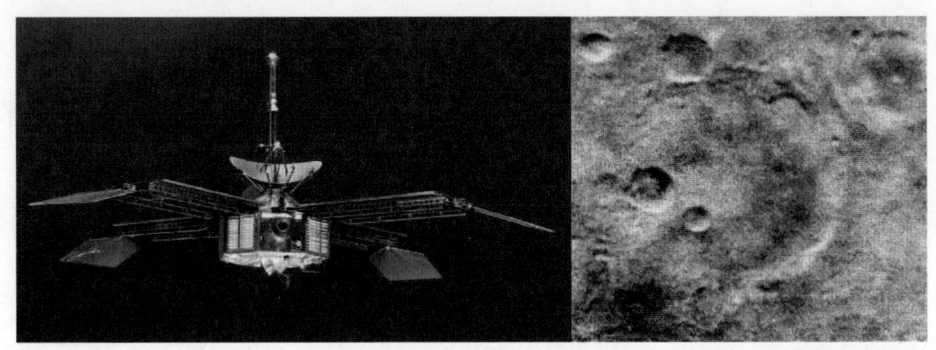

（图源：NASA）

水手 4 号及其拍摄的火星地面图像

时代意义。人类的近距离观测范围此前局限于地球，这是人类首次近距离观测其他行星。照片显示火星表面有大量撞击坑，看起来那里是一片荒漠，不太像有复杂地质运动和类似地球气候条件的样子。水手 4 号也没有探测到火星表面的磁场和辐射带，因为信号非常微弱。探测器探测到火星表面温度接近零下 100 摄氏度，几乎没有大气，这大大支持了火星不可能存在生命的观点。

遗憾的是，那时的航天技术并不足以让探测器变轨并停留在环绕火星轨道上。拍完这些照片不久，水手 4 号将数据发送回地球，然后滑入了深空。然而，水手 4 号并未从此绝迹。在随后三年中，它努力收集各种关于太阳风的数据，为人类研究太阳提供了宝贵的第一手资料。1967 年 12 月中旬，水手 4 号的宇宙尘埃探测仪记录到十多次微流星的撞击，这些微流星可能是一颗彗星的碎片。在遭到近百次撞击之后，水手 4 号逐渐失去了姿态控制能力，通信能力也迅速下降，被迫在 12 月 21 日正式结束了任务。我们可以用“鞠躬尽瘁，死而后已”来评价它为人类的天体研究做出的伟大贡献。

水手 4 号在三年任务期间发回地球的数据总量只有 634 KB，对今天的计算机技术而言，这仅相当于一幅压缩图片大小。现在很多人随手在聊天软件中“斗”几张图都要花掉更多的流量。从另一方面来说，这也能反衬出在当时技术水平的限制下，科学成果来之不易。

水手 4 号拍下的照片显示火星存在生命的可能性极低，但这没有浇灭科学家的研究热情。在科学研究的逻辑里，最宝贵的便是可证伪性。换句话说，如果某个推论不成立，该由什么样的反例来证明。如果没有生命，火星表面究竟是如何一种环境？这种环境又怎样导致火星上没有生命的结果？人类需要知晓更多的细节。人类对火星的探索仍在继续。

后续的水手 6 号和水手 7 号也在 1969 年顺利抵达火星，它们携带了更先进的仪器，拍摄了更多照片。遗憾的是，它们的探测进一步确认火星极其寒冷，几乎没有磁场，大气成分也主要是稀薄的二氧化碳。一句话，火星就是一个荒芜的地方，不太可能存在生命。

苏联和美国在 20 世纪 60 年代共发射了 12 个火星探测器，仅美国的 3 个探测器（水手 4 号、6 号、7 号）成功完成任务。苏联的 8 个火星探测器如同遭遇魔咒一般，全部失败。

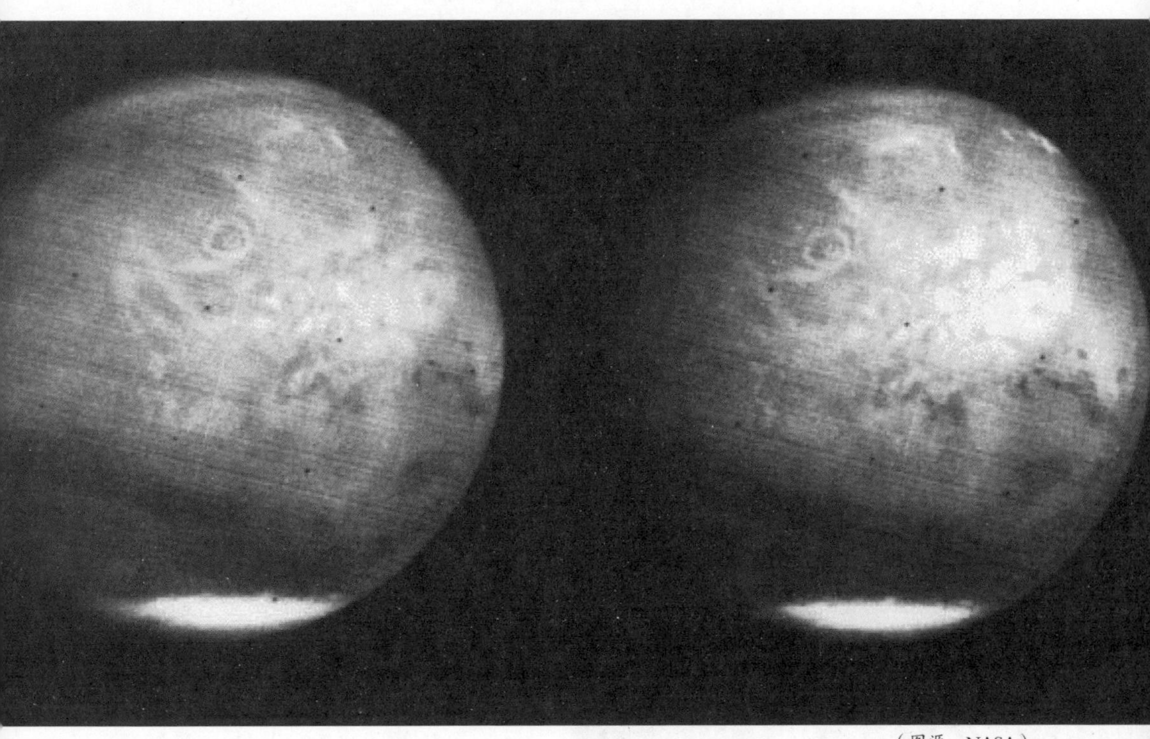

（图源：NASA）

水手 7 号在靠近火星过程中拍下的图像

不管怎样，火星探测的大门已经打开，人类渴望了解火星的心情依然存在。下一步就看谁能够真正“围观”火星，而不是与之擦肩而过。

水手9号：太阳系奇迹的见证者

1971 年是人类探测火星历史上最繁忙的一年，苏联和美国共计发射了 5 个探测器，占整个 70 年代发射总量的一半！ 1971 年 5 月 8 日，美国水手 8 号出发。仅仅 6 分钟后，火箭发生技术故障，探测器坠入大西洋。水手 8 号的发射失败让同一窗口期的火星探测计划蒙上了一层阴影。一天之后，苏联的宇宙 419 号几乎因为一样的问题失败，以至于没来得及为它起个正式名字。

在这个火星探测窗口期，仅有 5 月 30 日发射的水手 9 号获得成功。在飞行五个半月后，水手 9 号成为首个环绕火星的探测器，也是人类第一个环绕其他行星的探测器。不过，当时进入环绕火星轨道的难度依然很大，水手 9 号仅能进入一个超大的椭圆轨道。探测器距离火星最近 1600 千米左右，最远超过 1.6 万千米。那个时代的探测器并没有足够的制动能力把轨道调整成理想的圆形轨道。

水手 9 号抵达火星时不尽如人意，火星表面发生了全球性的沙尘暴。火星稀薄

（图源：NASA）

0°
180°
-30°
270°
300°
330°
米
-5000 0 5000 10000 15000 20000

（图源：Martin Pauer）

水手 9 号和以其命名的水手号峡谷高程图

的大气对行星的保温作用几乎可以忽略，火星不同区域的温差巨大，气压差距导致大规模的甚至全球的空气流动。由于极其干燥，而且被太阳风和宇宙射线轰击，被陨石撞击和风沙侵蚀，火星表面的土壤和沙尘非常细密。气体裹挟细沙，遮天蔽日，形成无比壮观的沙尘暴。几个月之后，这种情况稍微好转一些，水手 9 号才开始获取真正意义上的火星数据。所幸水手 9 号在那里一直工作了一年多时间，最终熬到风沙散尽的一刻。相比前辈留下的数十张照片，它拍下了 7000 多张火星照片，成绩惊人。由于轨道时远时近，这些照片的分辨率从 1000 米到 100 米不等。这些照片叠加起来展示的区域已经覆盖了火星表面 85%。

在随后几个月宝贵的观测时间内，水手 9 号清晰拍下了火星上壮观的水手号峡谷。显而易见，这个峡谷就是因为水手 9 号的发现而被命名的。水手号峡谷长度超过了 4000 千米，和地球上的东非大裂谷相当。但是，因为受地质运动影响，东非大裂谷并不是连续的，所以水手号峡谷是太阳系最长、最大的连续峡谷。对于水手号峡谷的形成原因，众说纷纭。有人猜测，水手号峡谷可能是由于大量液态水或冰川流动侵袭形成的，也可能是峡谷底部整体塌陷形成的，也有说法认为是由于峡谷下面巨大的二氧化碳冰川逃逸形成的。正如地球上很多复杂地貌无法被完美解释一样，水手号峡谷的具体形成原因和时间，到现在也没有定论，毕竟我们无法穿越过

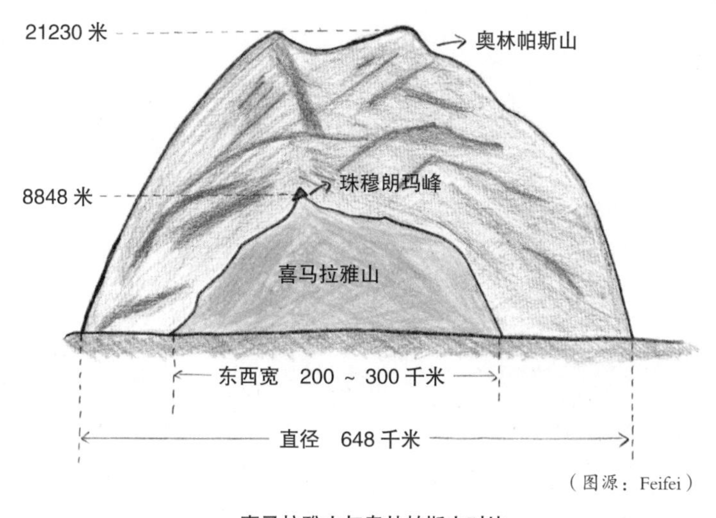

（图源：Feifei）

喜马拉雅山与奥林帕斯山对比

去看看到底发生了什么。此外，水手 9 号还拍下了火星上大量河床、撞击坑、山川、峡谷等地貌特征。这些地貌与水手号峡谷的存在，意味着火星上曾经发生过大规模的地质运动。这种运动塑造了火星表面，不亚于地球表面的地质运动。

此外，水手 9 号还清楚拍摄了太阳系最壮观的火山——奥林帕斯山。这是一座巨大无比的高山，它的高度为 21230 米（以火星全球基准面为准），远远超过珠穆朗玛峰。需要说明的是，地球上的珠穆朗玛峰的高度是海拔高度。火星上没有海洋，显然不存在海拔高度这个概念，因而用全球基准面作为衡量标准。如此来比较两座高山，似乎并不“公平”。但是，无论用什么标准，奥林帕斯山的高度都远超地球上的任何一座山。此外，小行星“灶神星”上有一座“23 千米高的大山”，叫雷亚西尔维亚峰。不过，灶神星太小，没有达到天体流体静力平衡（引力不足以维持自己为球形），而且自身也经过大型陨石的撞击，和行星上靠自身地质运动形成的大山不可同日而语，因而这座“山”并没有争夺第一的资格。

有意思的是，即便奥林帕斯山无比巨大，如果你身处山顶，反而没有了这种感觉。因为它的火山口宽度就超过了 80 千米，底部又扩大了近 8 倍，几乎可以盖住云南、四川和黑龙江几个大省中间的一个。这意味着，你看到的其实就是一个很长的斜坡而已，用“不识庐山真面目，只缘身在此山中”来形容恰如其分。

从拍摄的奥林帕斯山图片来看，如果有冰雪覆盖，它的斜坡一定是太阳系滑雪第一圣地。不过，太阳系内的第二、第三、第四滑雪圣地也许都在火星。在奥林帕斯山东南方还有三座大山：阿尔西亚山、帕弗尼斯山、艾斯克雷尔斯山。以全球基准面计，它们的高度都超过了 14 ~ 20 千米不等，且遵循类似奥林帕斯山的规律：坡度非常缓，适合滑雪。

奥林帕斯山之所以有如此高度，很大程度上是因为在形成过程中火星表面几乎没有类似地球表面的活跃的大陆板块运动。火山一直立在那里，经历数亿年岩浆喷发，不断积累到如此巨大的体量。同时，火星引力较小，山可以长得更高。近阶段的火星（注意，这个尺度是亿万年）几乎没有能够塑造地貌的冰川与河流，而且没有地震等具有强烈破坏力的灾害，使这座山能够保持如此高度。如果在地球，奥林帕斯山也许就像东非大裂谷一样被“破坏”得面部全非，地震、板块运动以及水冲

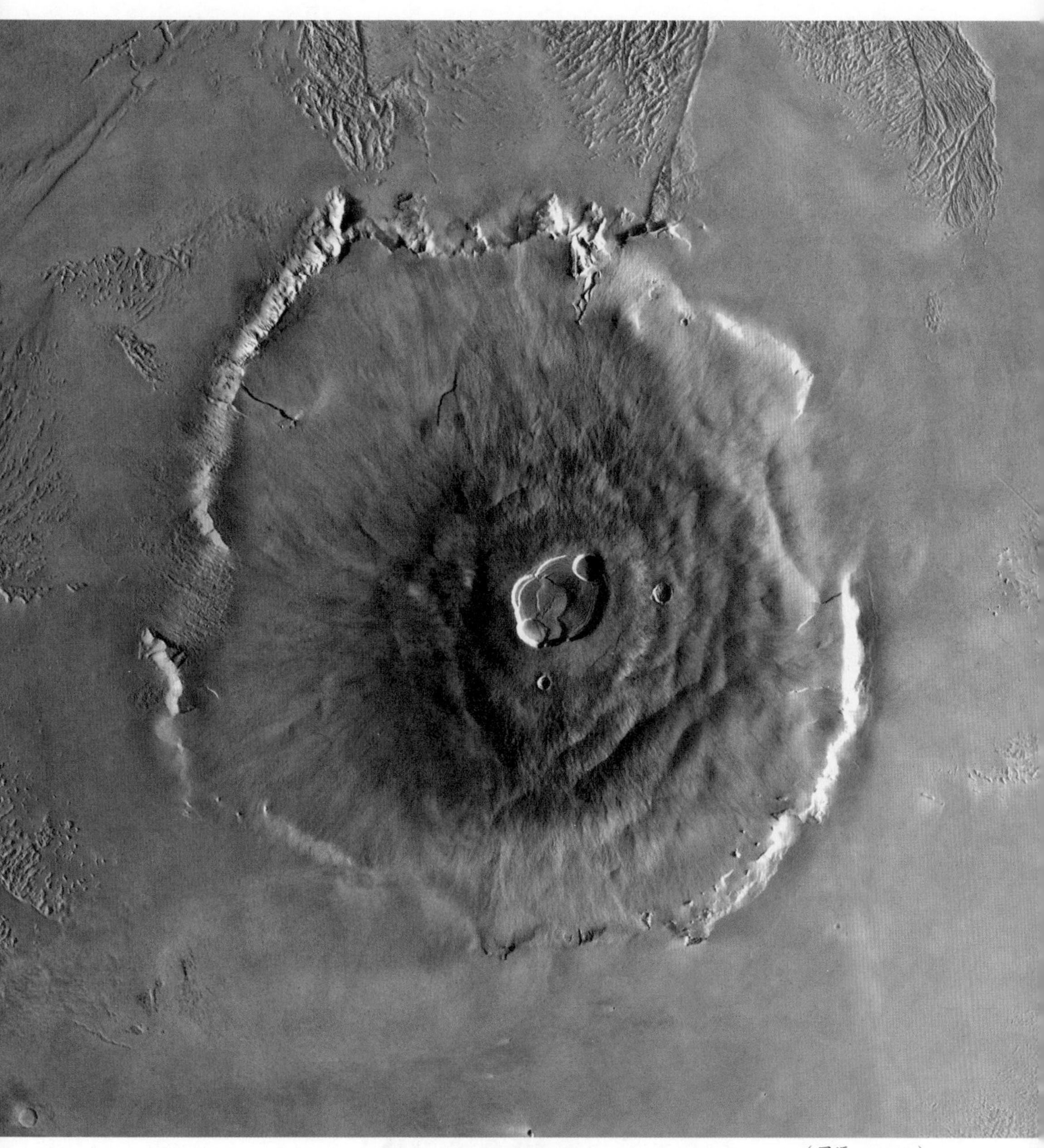

（图源：NASA）

维京 1 号拍摄的奥林帕斯山俯视图

和风蚀等不知道将它重塑多少次了。在同等条件下，它或许根本没有与喜马拉雅山、安第斯山和落基山等竞争的力量。

目前，这座可能持续喷发了数亿年的火山已逐渐停止了活动。从山顶的撞击坑数量和密度来看，它的活动或许已经停了数百万年，因为这些坑形成后一直没有被熔岩再次覆盖。其他几座大山也早已安静下来，可见火星内部活动的确不再活跃。

时至今日，水手 9 号这个为人类立下汗马功劳的火星探测器依然在围绕火星运动，成为它的一颗人造卫星。水手 9 号的轨道是独特的大椭圆轨道，火星大气的阻力几乎无法影响并使其发生改变。同样道理，中国首颗人造卫星东方红 1 号在 1970 年进入环绕地球的大椭圆轨道，直到今天依然在环绕地球。不过，这两颗人造卫星早已经停止工作，可以把它们看作人类航天探测史的永久丰碑。

火星2号/3号/4号/5号/6号/7号：野心越大，失望越大

在 1971 年 5 月的火星探测窗口期，不仅有美国的水手 8 号和水手 9 号发射升空，苏联也不甘落后地发射了 3 个探测器。除失败的宇宙 419 号外，苏联发射的还有火星 2 号和火星 3 号。此前没有任何探测器进入环绕火星轨道，航天技术曾经保持领先的苏联刚刚在登月竞赛中落败于美国。毫无疑问，苏联会把尚未被人类完成的火

（图源：NASA）

火星 3 号轨道器和着陆器

星探测作为重拾信心的起点，因而对火星探测极为重视。

5 月 19 日，苏联的火星 2 号顺利升空；5 月 28 日，苏联的火星 3 号顺利升空；5 月 30 日，美国的水手 9 号才顺利升空。水手 9 号落后火星 2 号 11 天，落后火星 3 号 2 天。苏联看似为争夺火星探测竞赛的胜利做了双保险！

11 月 14 日，美国的水手 9 号顺利抵达火星轨道，开始正常工作，成为人类首个环绕火星的探测器。11 月 27 日，苏联的火星 2 号抵达火星；12 月 2 日，火星 3 号抵达火星。也就是说，比火星 2 号出发晚的水手 9 号更早到达目的地。

水手 9 号的领先，主要是由于在推进能力和重量方面的优势。水手 9 号仅重 1 吨左右，而火星 2 号和火星 3 号每个总重达到 4.7 吨。它们不仅包括一个环绕火星的轨道器，还有一个能够着陆火星的着陆器，着陆器甚至携带了一个微小的火星车。可以说，如果二者能够成功，会是人类探测火星的重大突破。可惜，二者重量过大，导致推进效率降低，而这并不是优化轨道设计能够克服的。苏联遗憾地把第一拱手让给了美国。

按照苏联的方案，在探测器抵达火星附近后，轨道器和着陆器分离。轨道器开始变轨，进入环绕火星轨道，而着陆器直奔火星去着陆。苏联的两个探测器成功实现了轨道器和着陆器的分离和变轨，轨道器成功进入环绕火星的大椭圆轨道。

不幸的是，火星 3 号轨道器在变轨时发生了燃料控制问题，其环绕火星的轨道距离火星最远达到惊人的 21 万千米，不可能正常工作。同时，火星 2 号轨道器也没有太大的有科学价值的发现。正如前文介绍水手 9 号时提到的，火星发生了沙尘暴。火星 2 号轨道器只能通过雷达高度计和相关大气探测设备进行研究，它的发现相比美国探测器并无亮点，最重要的用光学设备绘制火星地图的工作迟迟无法进行。火星沙尘暴依然在继续，火星 2 号拍摄的照片质量很差，直到 1972 年 8 月由于轨道器失效而被放弃。所以，火星 2 号并不算成功完成了任务。相较而言，水手 9 号一直坚持到火星沙尘暴散去才开始大展身手，取得巨大成果。

在着陆器方面，苏联的火星探测器更是祸不单行。先抵达的火星 2 号着陆器失联，在火星大气中被焚毁，残骸落在火星表面。这也算是人类首次“硬着陆”火星的探测器。火星 3 号在成功抵达火星轨道后也立即释放着陆器。幸运的是，重达 1.2

吨的着陆器终于实现了人类探测器成功软着陆火星的梦想，留下人类在火星上的第一个“足迹”。不过，极其遗憾的是，它在成功着陆十几秒钟后就停止了工作。除验证火星降落技术之外，火星 3 号几乎没有取得任何科研成果。2006 年，抵达火星的美国侦察轨道器拍到了疑似火星 3 号着陆器和降落伞。时隔 35 年，它们依然寂寞地待在火星表面。

对于探测火星屡遭挫折的苏联而言，火星 3 号的部分成功似乎已经足以鼓舞人心，但后来再也没有取得新的突破。

1973 年的火星探测窗口期，不屈不挠的苏联开始放手一搏。在短短 20 天内（7 月 21 日到 8 月 9 日），苏联连续密集发射了火星 4 号、火星 5 号、火星 6 号、火

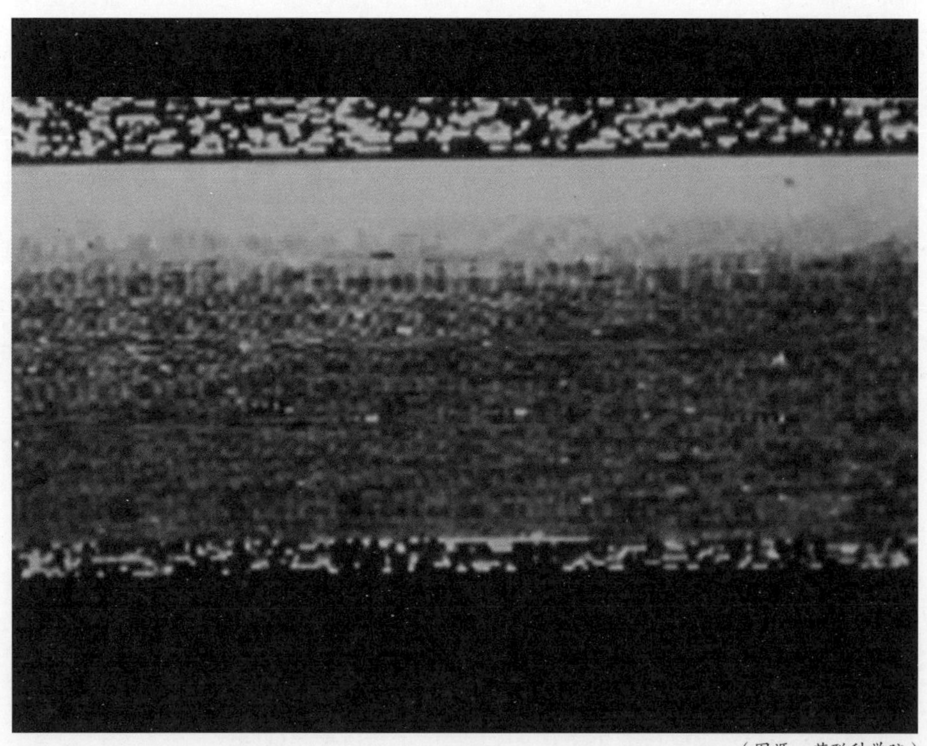

（图源：苏联科学院）

这张火星 3 号着陆器拍下的照片，只传回一小部分，是人类首次从火星表面发回的信息，也是苏联探测火星取得的重大成就。但是，苏联科学院承认，这张照片几乎没有科研价值

星 7 号四个探测器。这几个探测器全是 3 ~ 4 吨重的大家伙，火星 6 号和火星 7 号计划继续向登陆火星挑战。美国此时还未制造出任何能够在火星登陆的探测器。可以说，在技术方面，苏联的火星探测器要超出美国不少。可惜的是，苏联的四个探测器都没有圆满完成任务，唯一亮点是火星 5 号围绕火星工作了几周，又很快发生了故障。

一次又一次失败，大大地打击了苏联人探测火星的雄心。

“维京”来了

对征服火星来说，飞掠一瞥和环绕大椭圆轨道进行远距离观察显然不能让科学家满意，最重要的还是登陆火星。在登陆火星方面，苏联是先行者，但上天并没有眷顾。科学没有国界，苏联 1973 年四次火星探测活动失败，让全世界研究火星的科学家和工程师感到痛心。科学家们不断思考如何解决问题，提高现有技术。在科学家们的不断努力下，火星探测终于又出现了曙光。1975 年的探测窗口期迎来了 20 世纪最成功的一次火星探测任务。在苏联火星 3 号之后，有两个探测器再次在火星上软着陆，并获得了真正的成功，这就是美国著名的“维京计划”。

维京海盗：数亿千米的征途

想必大家已经明白，这次探测活动的名称来源于大名鼎鼎的维京人，这个北欧民族曾经在欧洲海域有上千年的冒险经历。“维京”本义指来自北欧海湾地区的人，他们大部分从事商业贸易、海上运输等工作，但最出名的是海盗。“维京”在中世纪很多欧洲国家等同于“海盗”一词。历史进入近现代后，维京人与生活在大不列颠等地区的其他欧洲民族不断融合，“维京”和“海盗”逐渐不再是负面词汇了。如今，维京海盗还成为北欧人的精神象征。用维京为这次的火星探测活动命名，是希望探测器像维京人一样，不畏惧此前的失败，勇往直前。

（图源：NASA）

维京号探测器和着陆器

与苏联的火星 2 号和火星 3 号相似，维京 1 号和维京 2 号都包括一个在轨飞行轨道器和一个着陆器，总重达 3.5 吨，其中着陆器为 600 千克。同时，它们还配备了大量科学仪器，以便对火星表面进行深入研究。这是美国首次对登陆火星进行挑战，项目极其昂贵，20 世纪 70 年代的登陆火星计划花掉了 10 亿美元，相当于现在的 50 亿美元，让人咂舌。而我们不得不感慨，苏联几次失败的尝试造成了巨大浪费。

两个维京号火星探测器分别于 1976 年 6 月 19 日和 8 月 7 日先后抵达火星。不同于火星 2 号和火星 3 号在抵达火星后轨道器和着陆器立即分离的方案，维京号的轨道器和着陆器共同进入环绕火星的大椭圆轨道。一个月后，维京号的轨道器和着陆器才择机分离。轨道器留在大椭圆轨道，着陆器执行登陆任务。事实证明，这是更为优秀的方案。维京 1 号和维京 2 号原先计划的登陆时间都曾经被推迟。如果时间没有冗余，必须强行分离，或许登陆成功与否还是未知数。不过，维京的这种整体入轨方案难度也增加很多。任何事物都有正反两面，只能根据具体情况权衡利弊。

在漫长的任务期内，两个维京轨道器进一步发现火星表面有很多地球上常见的地貌，如沙丘、岛屿（虽然没有水）、高山，甚至流线型的冲刷区域。这证明，至少在远古历史上，火星存在过由液态水组成的海洋和湖泊。维京号轨道器的相机大

维京 1 号拍下的火星全貌，用很多照片拼接而成。这张经过艺术加工的图片随后成为火星的“证件照”

（图源：NASA）

大优于前辈，拍摄了很多经典照片。

1976年7月20日，维京1号着陆器成功在火星软着陆，恰好是人类首次登月（1969年，阿波罗11号）的纪念日；9月3日，维京2号着陆。着陆器抵达火星表面，它们可以直接地、细致地分析底层大气和火星土壤，能够获取关于火星的第一手资料，更让人充满期待！

对科学家来说，这两个着陆器的能量来源曾经是很大的考验。无论苏联还是美国的探测器，都经历过遇上火星沙尘暴，导致轨道器的照相设备无法拍到火星表面的情况。苏联火星2号的轨道器没有熬到沙尘暴完全退去。从能源供应方面考虑，沙尘并不会干扰火星大气之外的轨道器，它们可以通过太阳能电池板获得能量。毫无疑问，降落到火星表面的着陆器要面对能量来源的重大挑战。人们当时认为，沙尘会阻挡绝大部分阳光，太阳能方案可行性不大。

科学家给出的解决方案是使用核能。在自然界和人工环境下，一些元素拥有同位素。这些同位素并不稳定，会逐渐衰变，释放出一定的热量。在这种情况下，可以使用一种叫作热电转换器的装置，把这些热量收集起来转化为电能。这种系统叫作放射性同位素发电机，俗称核电池。这种电池的热电转换效率并不高，但由于具有超高能量密度，支持超长工作时间，远超普通燃料电池和蓄电池，有着无法被取代的地位。例如，人工心脏需要电源支持，而医生不可能经常给患者开刀更换电池，能稳定工作几十年的核电池显然优势明显。

两个维京号着陆器就使用了用放射性元素钚-238制作的核能电池来获得能量。钚-238是一种半衰期长达88年的同位素，在理论上足够工作几十年时间，能够在其他硬件失效前持续稳定为着陆器提供能量。这种核电池还被用于很多耳熟能详的太空探测计划，特别是无法直接使用太阳能的计划。例如，最终目标飞出太阳系的先驱者10号、先驱者11号、旅行者1号、旅行者2号和新视野号五个探测器。旅行者1号和旅行者2号甚至已经在宇宙深处工作了42年之久，正是核电池使它们具有了超长的工作时间。中国的嫦娥4号和玉兔2号就测试了放射性同位素发电机。

这里需要说明的是，钚-238是生产核武器的重要原料钚-239的副产品，二者作用迥异，前者造福人类，后者却给人类带来灾难。幸运的是，“冷战”结束后，世界局势总体平静，核武器的生产基本陷入停滞。不幸的是，现在航天探测活动能够使用的钚-238 越来越少，导致很多深空探测任务受到限制。

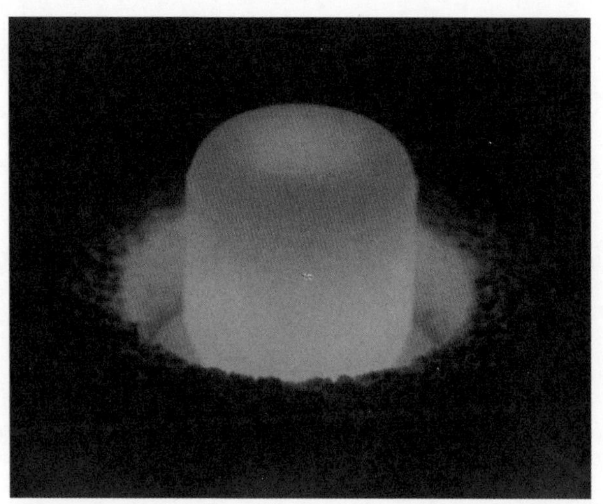

（图源：美国能源部）

正常状态的钚-238 源源不断地释放热量

（图源：NASA）

维京 1 号着陆器在火星表面拍下的火星近景照片

苏联的火星 3 号着陆器曾经有几十秒的“成功”，而两个维京号着陆器取得的成就却是空前的。在核电池支持下，它们实际工作的时间远超计划中的数月。维京 1 号着陆器竟然正常工作了 2306 个地球日，超过计划时间 6 年才结束任务，而最终任务结束的原因是由于地面控制中心发出了错误指令，使其含恨而终。维京 2 号运行的时间稍短，也长达 1316 个地球日！

遗憾的是，虽然两个着陆器详细分析了火星土壤成分，但并未给出直接证据，证明火星表面存在有机物质。此外，火星地表的大气情况和较弱的磁场也很难让生命存在，这似乎更加肯定了火星上不存在生命的观点。美国科学家原先对维京号期望很大，甚至担心着陆器会携带地球微生物抵达火星，从而污染火星环境。在出发前，两个维京号探测器都经过了七天七夜的高温消毒灭菌。维京号最终的探测结果却让科学家们感到有些失望。

对普通民众而言，他们的想法和科学家并不相同。由于巧合，维京号反而让他们更相信火星上“有人”。一张“人脸”照片在大众中广为流传，成为火星存在生命的“有力证明”，这是维京 1 号轨道器拍摄的一张火星照片。照片拍摄地点位于火星塞东尼亚区，这里是多巨石和小山的丘陵地带。

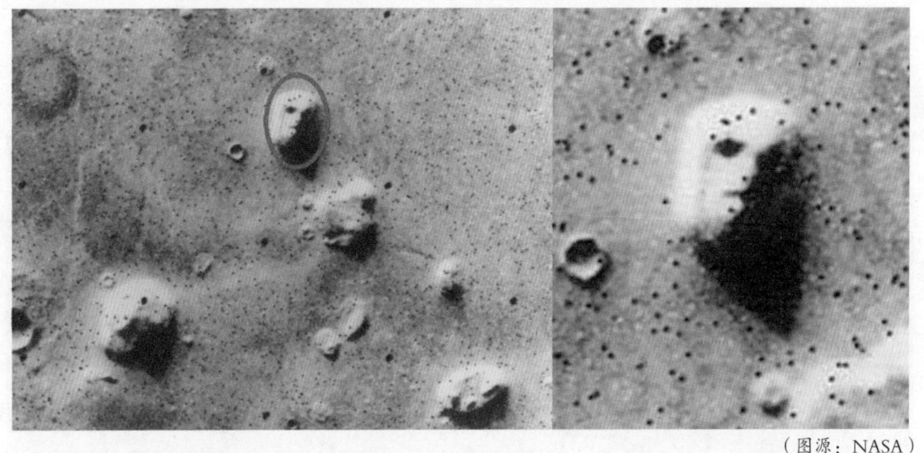

（图源：NASA）

诡异的火星“人脸”

这张“人脸”很快被维京号轨道器后续拍摄的照片证明是错觉。后续的人类火星探测器更是把所谓“人脸”360 度无死角全部拍遍，证明了这一结论。科学家意识到，这不过是阳光照到小山或岩石上展现的光影效果而已。但是，兴奋的大众可不相信这些所谓的科学权威结论。各种阴谋论和火星人存在的说法一时广为流传，甚至有人为苏联火星 3 号着陆器的失败找到原因——火星人干扰。在维京计划结束后，因资金匮乏，探测火星的活动进入低潮，却被公众解读为“地球人被火星人警告后再也不敢涉足火星”。热爱科学的公众的确想象力丰富，也很执着。刘慈欣《三体》火遍大江南北之后，随便听到点天文新闻，就有人惊恐万分地说：（外星人发来信息）“不要回答！不要回答！不要回答！”其实，他们并不知道，也不在乎新闻里到底说了什么，就是图个乐子而已。

科学家们发现，这种阴谋论反而是一种“宣传”，能激发无数人关注火星，有助于火星科研活动取得资金支持。关于太空探测的谣言很多，阿波罗飞船登月“造假”的阴谋论也是经典案例，各种版本层出不穷。后来，科学家们“不再”公开大量辟谣了，可谓巧妙利用了公众的猎奇心理而求得关注。科学家们当然希望传播正确的信息，只是辟谣无效，而民间的阴谋论却越来越夸张。对于自己完全无法解释，感觉不可思议的东西，很多人都会有自己的一套逻辑。各种传说故事，或许满足了大众的文化心理需求，让人们对生活不再感到枯燥。

作为当时最为成功的两个火星着陆器，维京 1 号和维京 2 号的着陆地点被用来向两位科学家致敬。维京 1 号降落的地点被叫作“托马斯·马奇纪念碑”。托马斯·马奇是布朗大学教授，领导维京计划着陆器地表相机图像处理小组。他在 1980 年征服喜马拉雅山脉的嫩贡山后，在下山途中坠落山崖，从此消失。维京 2 号降落的地点被叫作“杰拉德·索芬纪念碑”。杰拉德·索芬是负责维京计划着陆器项目的科学家，也是著名的科普教育作家。每个成功的辉煌背后，都有无数人在默默奉献，这些人永远值得怀念。

20 世纪 70 年代，美国和苏联逐渐停止了太空竞赛，维京计划这种耗资巨大的火星探测项目逐渐被砍掉。从当年的各种研究结果看来，火星似乎没有生命存在的可能，进一步验证的难度颇大，投入与产出不成比例。在维京计划之后，直到 20 世纪 90 年代，美国停止了对火星的探测。

一个时代的辉煌戛然而止。

火卫一：苏联航天最后的噩梦

此时又到了苏联探测火星的悲情时刻，而这是苏联最后一次出现在火星探测活动中。

经历 1973 年的四次惨败后，苏联曾经一蹶不振，一度放弃探测火星，在苏美暂停太空竞赛后更是如此。一向不服输的苏联人当然不甘心失败，毕竟此前他们曾经领先美国人，只是最终没有成功而已。苏联科学家依然在努力总结经验教训，继续攻克技术难关，准备迎接下一次挑战。

通过前文，大家想必已经对人类早期的火星探测活动有了简单总结：人类实现了对火星大气、磁场、重力场、地貌、地表、地质等全方位的研究，但还有一点没有攻克：火星的两颗卫星。在维京计划期间，维京号轨道器观察过这两颗卫星，而苏联人提出了一个更加大胆的方案：登陆火卫一。火卫一的引力极其微弱，探测器登陆难度极大，可这对一向挑战高难度航天任务的苏联人而言并不是问题：如果不难，为什么要做？

苏联的科学家和航天工程师，是一群极其值得尊重的人。他们永不服输的冒险精神，是人类最为宝贵的财富之一。第一个从树上下来的古猿，第一个走出西奈半岛的晚期智人，第一个跨过白令海峡的远古亚洲人，都是这个样子。他们的牺牲与

（图源：NASA）

福波斯号构想图

坚持，换来了后世人类的荣光。

秣马厉兵 15 年，1988 年 7 月 7 日，福波斯 1 号从地球出发。5 天后，它的姊妹福波斯 2 号从地球出发。每个福波斯号探测器都包括一个火星轨道器和两个着陆器，一个着陆器能够在登陆火卫一表面后移动采样，相当于火星（火卫一）车，另一个则像维京号一样定点观察。在经过 15 年积累之后，福波斯号配备的仪器数量更是惊人，几乎集此前苏联所有火星探测器之大成。最终，每个福波斯号探测器重达 6.2 吨，这是当时人类往深空发射的最重的太空探测器。苏联科学家未受此前失败影响，依然把解决高难度科学问题放在第一位。

然而，福波斯 1 号在出发一个多月后，在 9 月 2 日失联，消失在茫茫宇宙中。

福波斯 2 号成为苏联探测火星的最后希望。幸运的是，福波斯 2 号在 1989 年 1 月 29 日成功抵达火星，进入环绕火星轨道。随后，福波斯 2 号逐渐调整轨道，逼近目标火卫一。3 月 27 日，它开始对火卫一的细节进行拍照，并逐渐靠近。按照原计划，福波斯 2 号能够在距离目标 50 米时，释放两个着陆器。

恰在此时，福波斯 2 号与地球的控制中心失联了！它也许滑入了深空，也许撞在火星表面粉身碎骨了。

福波斯计划是苏联航天最后的辉煌，在成功即将到来时戛然而止，最终以悲剧谢幕。

1991 年 12 月 25 日，苏联解体，这一超级航天大国就此消失。失去竞争对手的美国也逐渐失去了继续探测火星的动力。苏联把接力棒交给了后来的俄罗斯。事后证明，这个接力棒犹如诅咒，俄罗斯火星探测的梦魇，也就从那时开始。

正如维京号着陆器拍摄的火星日落一样，那是一种“伟大的荒凉”。对火星的探测，前无古人，充满了人类的激情和梦想。在巅峰时刻，火星探测活动却转身跌入了昏暗中。火星的回复一次又一次让人失望，人类并没有在那里找到任何生命的痕迹。

火星的无人探测时代到此告一段落。现在，人类依然是太阳系乃至宇宙中孤独寂寞的智慧物种。宇宙这么大，好像还是只有我们自己。

维京号着陆器拍摄的火星日落景象

（图源：NASA）

第三章

差一步，从月球到火星

（图源：NASA）

前文讲了很多无人探测器，而再精密的仪器都有一个天大的缺点：不能自由活动。轨道器能拍摄到宏观全貌，却离火星太远，无法“明察秋毫”。地面着陆器能看清微观细节，机动性却太差，容易“一叶障目”。例如，成功登陆火星的维京号仅仅是立在某处，它并不像今天的火星车一样能够跑来跑去。即便可以自由移动的火星车，依然不完美。火星车的运动速度极慢，以厘米/秒计。它选择的路径会避开乱石堆这种障碍物，但谁知道会遇到什么意外情况？它能够执行的任务依然有相当的局限性。

如果宇航员能够到达火星表面，这一切就迎刃而解了。

相比无人项目，任何载人航天项目都需要考虑其中最重要的因素——人。这意味着，载人航天活动的每一步都必须对人提供足够的保护，不能对人的生命造成危害，必须保证近乎100%的成功率。因此，载人航天项目的难度和成本大大提高。但是，人类的载人航天梦想不会就此却步。现在人类已经实现了奔月梦想，离奔赴火星就“差一步”了。

不造航空母舰，造登月飞船

在太空竞赛早期，美国落后于苏联。两国把载人航天技术水平作为检验双方航天技术实力的绝对风向标。双方在亚轨道（距离地面100千米以内）飞行测试时不分伯仲，苏联在载人入轨飞行方面占得先机，拥有首位男宇航员和女宇航员，完成了首次太空出舱行走，建立了首个空间站，全面领先美国。苏联人对航天的热情可谓疯狂，加加林和瓦莲京娜分别在1961年和1963年成为人类第一个进入太空的男性和女性。由于技术限制，两人返回地球时要从返回舱弹出，利用降落伞降落，这种勇气难以想象！

美国人惊呆了，没想到刚从“二战”中恢复过来的苏联竟然有如此强大的航天科技和重工业实力。行事谨慎的美国总统约翰·肯尼迪开始坐立不安，美国人因为担心苏联不可预防的“核武器+洲际导弹+天基武器+太空战机”的超级武器组合而惶惶不可终日。事后证明，载人飞船和长期派人驻守空间站的做法军事价值极其有限，可在当时并没有人敢低估。

（图源：NASA）

在国会发言支持阿波罗登月计划的美国总统约翰·肯尼迪

美国陷入了冷战期间最焦虑的时刻，载人登月成为双方竞争的焦点。在这种时代背景下，肯尼迪在1961年发表了一系列演讲。他表示，选择去月球，不是因为简单，而是因为很难。他还承诺，在1970年之前，把美国人送上月球，再安全地送回来。人类历史上投资最大的航天项目阿波罗登月计划全面启动，它的投入成本相当于现在的2000亿美元！

让我们举例来说明。美国海军目前的主力是10艘尼米兹级核动力航空母舰，按照如今的币值，每艘造价是85亿美元左右。那个年代的普通航空母舰造价比它低很多。阿波罗登月计划所花费用可以建造20余艘核动力航空母舰，基本可以将美国海军航空母舰编队再造一次。海军对美国的意义自然不必多说。当年在一个航天项目中投入如此巨资，可以想象需要偌大的勇气，也冒着很大的风险。

该项目的确遇到了一系列问题，因为地面实验发生事故，阿波罗1号三名宇航员不幸牺牲，导致飞船几乎重新设计，开局非常不顺利。后来的阿波罗13号发生了氧气罐爆炸事故，而当时它已经在飞往月球的路上。在只有一线生机的情况下，地面控制人员和宇航员决定继续利用绕到月球背后的超大椭圆轨道返回地球，从而创造了人类飞离地球的最远距离纪录——40万千米。三位宇航员被迫躲在登月舱中返回地球，最后成功脱险，可谓奇迹。后来，负责制造登月舱的格鲁曼公司还开玩笑说，他们原先生产的登月舱是没有此项“长途载客”服务的，是不是应该按照出租车的标准来收费？即便按照每千米1美元来计费，算下来也将是几十万美元的天价“打车费”。

（图源：NASA）

登陆月球：个人的一小步，人类的一大步

1969年7月20日，阿波罗11号登月舱顺利降落在月球表面。尼尔·阿姆斯特朗和巴兹·奥尔德林先后走出登月舱踏上月球表面，迈克尔·柯林斯留在环绕月球的轨道舱中待命。在那一刻，他们成了全世界最受关注的人。宇航员印在月球表面的脚印，如同10万年前走出非洲的人猿脚印一样，不仅是人类进步的标志，更是人类这一物种发生巨大改变的开始。

登月俱乐部拒绝新人

阿波罗登月计划是一个伟大的项目。从阿波罗11号起，美国进行了共计7次载人登月尝试，其中成功6次，有12人成功登陆月球。不过，实际抵达月球附近的人不止这个数字。每次阿波罗登月计划乘组都是三人，其中一人负责在月球轨道值守轨道舱，只有另外两个幸运儿能够踏上月球表面。此前，还有各种实地测试。例如，1968 年的阿波罗 8 号计划，三名宇航员完成了人类首次环绕月球的任务，拍下了人类历史上最著名的照片之一——《地出》。1969 年，阿波罗 10 号距离月球表面最近仅 15 千米，其主要职责是最后一次全面检验登月技术，飞临阿波罗 11 号将要执行任务的区域，测试到底需要多少燃料。每个阿波罗飞船由四个部分组成，每个部分都需要精心设计。阿波罗 10 号的三名宇航员，与登月第一（批）人的荣誉仅“一步之遥”。登月是一个庞大的系统工程，难度极大。对于前文提到的阿波罗 13 号的宇航员来说，能够活着回来就谢天谢地了。

在阿姆斯特朗成功登月之前，美国唯一的竞争对手苏联也竭尽全力尝试征服月球。在重要的太空行走竞争中，苏联宇航员阿列克谢・列昂诺夫在 1965 年 3 月 18 日成为世界上首个完成出舱行走的宇航员。随后，美国迅速赶上，阿姆斯特朗在 1 年后驾驶双子座 8 号飞船成功实现了与另一个航天器（阿金纳上面级）的空间交会对接，这也是人类首次完成此类任务。从这个角度说，阿姆斯特朗完全有资格被选为人类登月第一人。

在飞船方面，苏联改造的新版联盟号载人飞船也具有环绕月球飞行的能力，登月方案也论证完毕。然而，对登月需要的重型火箭的研制，苏联却反复遭遇失败。美国阿波罗登月计划使用的火箭土星 5 号是当时世界上有效载荷最大的火箭，而苏联的 N-1 运载火箭却连续四次试射发生爆炸。这种 105 米长、重达 2800 吨的火箭几乎都是在飞行初始阶段发生爆炸，造成巨大损失。土星 5 号已经雄踞人类最强火箭榜长达 52 年，至今未被超越。

N-1 火箭的不断失败导致苏联宇航员永远告别了月球这一舞台，这远远不是苏联在后来的无人探月方面再一次领先美国能够弥补的。最终，苏联在这场竞争中被美国超越，这对双方的政治、军事和经济影响难以估量。

随着苏联放弃载人登月计划，美国的阿波罗登月计划也逐渐被雪藏，后续的 18 ~ 20 号任务被直接取消了。苏联解体后，美国失去了对手，几十年内再也没有人有机会加入登月俱乐部了。

阿波罗8号拍下的地球从月球表面升起——《地出》。事实上，月球被地球潮汐锁定，永远只有一面对着地球，在月球表面不可能看到地球升起。由于飞船是相对月球在飞行，宇航员才有可能拍下这让人感到无比震撼的场景

（图源：NASA）

尼尔·阿姆斯特朗

巴兹·奥尔德林

皮特·康拉德

艾伦·宾

艾伦·谢泼德

埃德加·米切尔

大卫·斯科特

詹姆斯·埃尔文

约翰·杨

查尔斯·杜克

尤金·赛尔南

哈里森·施密特

登陆过月球的 12 名宇航员

核能火箭的野心与哀歌

在努力征服月球的同时，雄心勃勃、手握重金的美国航空航天局自然不会放过人类最有希望征服的另一颗行星——火星。对月球的探测依然没有走出地月系统，跟载人探测行星的意义不可相提并论。尝到胜利甜头的美国人开始了载人探测 / 登陆火星的计划。美国那时已经拥有了足够强大的土星 5 号火箭作为基础，后来维京号的成功也证明利用降落伞和反推发动机进行降落的有效性。阿波罗载人飞船也被证明是非常成功的，有经过改进来抵御火星大气冲击的空间。只要有更大的投入，美国的科学家相信他们有能力从技术上满足登陆火星和返回地球的需要。

著名科学家冯·布劳恩是个狂热的火星迷，他甚至写了一本书，名叫《火星计划》（*The Mars Project*）。冯·布劳恩有信心制造出更强大的火箭来完成火星征服任务。他甚至提出用 10 艘近 4000 吨的巨型飞船组成舰队前往火星的方案。这个方案显然极难实现：一艘仅 45 吨的阿波罗飞船，就已经花费高昂，这个火星载人探测方案就算把美国的科研资金烧光也远远不够。以现在的眼光看来，那也是天方夜谭，可见当年航天工程师们的“疯狂”。

这并不是终点，工程师们总是在思考如何最大限度地利用现有资源。美国后来考虑使用巨大的土星 5 号火箭将一枚用核动力驱动的火箭送入近地轨道，再将两个小组共计 12 名宇航员及各种补给送入近地轨道。在将各种模块组合成小型空间站后，这枚核能火箭推动它们完成火星之旅，然后返回地球。虽然最终未必登陆火星，但能载人前往火星也是一个伟大的突破。这个想法比冯·布劳恩的方案“现实”一些，就差一个核能火箭而已。而且，核能火箭的应用显然不限于火星探测活动，还可以用于其他重载任务。在冷战时期的军备竞赛中，任何一种新技术都是焦点，苏联和美国都推出了核能火箭发动机项目。在失重的工作环境中，这种火箭用核能释放的巨大热量加热液氢，它的比冲远远超过普通化学燃料火箭，能够大大提高推进效率。

1968 年，美国的核能火箭发动机研制工作取得很大进展，已经能够满足深空

（图源：NASA）

美国核能火箭发动机在进行测试

探测的初步需要，载人前往火星的潜力值得进一步挖掘。其实，在人类早期载人航天竞争中，新技术的发展速度是惊人的，远不是今天能够想象的。例如：1966 年 3 月，交会对接技术首次被使用，两年后的阿波罗探月任务每次都需要进行多次航天器对接。阿波罗飞船的登月舱在 1968 年 1 月测试成功，一年后就着陆在了月球表面。阿波罗登月计划中的月球车更是发展迅速，第一辆月球车在 1971 年 4 月问世，两个月后阿波罗 15 号宇航员已经开着它在月球上“飙车”了。因此，在核能火箭取得突破后，美国科学家登陆火星的想法近乎疯狂，征服红色战神似乎指日可待。

然而，这个想法至今并没有实现。相比载人登月，登陆火星的难度要大得多。月球围绕地球做椭圆运动，地月距离的变化仅在 1 万千米数量级而已，二者之间的平均距离是 38 万千米。火星与地球大不相同，两者之间的距离变化在几亿千米级别。这个距离最远可以达到 4 亿千米，最近也有 5000 多万千米。二者每 26 个月才靠近一次，平均距离 2 亿千米以上，相距实在太远！探测月球，只需 3 天即可到达，几乎随时可以回来；前往火星，最快也要 6 个月，还要等待窗口期，全程大约需要 3 年。

此外，阿波罗登月计划的反馈也逐渐令人失望：人类在月球上几乎没有发现任何有实际利用价值的东西。将宇航员送上去，实现工程技术突破，带回一些月球土壤样本。宇航员最多开着月球车走走，几乎没有新的发现。此时就要考虑技术回报和投资的产出比。同样的事反复做，边际效应递减，越往后价值越低。月球基本上是一片孤寂的荒漠，既然登陆 6 次还没有发现更多的有价值的东西，后续还会有什么发现呢？苏联放弃登月后，对美国而言，连太空竞赛带来的政治宣传价值都越来越有限了。阿波罗 11 号升空时，万人空巷，几乎每台电视机和每台收音机都在报道；阿波罗 17 号升空时恰逢圣诞节，美国人只关心哪家商店打折力度更大。

在探测火星方面，水手号和维京号几乎对火星有了全面了解，那里就是一片荒地，又会有什么开发价值呢？苏联的火星探测计划也一直失败，并没有能力挑战美国的领先地位。早期的人类航天项目耗费资源巨大，如果投入不见回报，对于激烈的国与国之间的竞争而言，显然是赔本买卖。肯尼迪之后的美国政府，尤其是尼克松政府，外有越南战争压力，内有海量的社保开支压力，开始大幅削减美国航空航天局与火星探测项目有关的预算，把钱用到别的地方去。

与此同时，在美国阿波罗登月计划的后期，苏联改变思路，在近地空间开发上再次领先美国。苏联秘密发射了礼炮1号空间站，后续还发射了有很大军事潜力的礼炮3号、礼炮4号和礼炮5号。苏联在20世纪70年代到80年代共计发射了7个礼炮空间站。面对苏联的压力，美国只能抽出航天资源发展本国的“天空实验室”空间站项目，其他重大烧钱项目一概取消。载人登月和登陆火星项目毫无疑问是重灾区，几乎被停止。

后来，由于苏联和美国都没有通过载人航天计划获得应有的军事回报，相关资金投入骤减。两国面临的国内外压力都很大，军费开支骤然增加。苏联经济相对较弱，在金星、月球和火星探测上都栽了大跟头，不愿意继续花冤枉钱。美国在冷战中奠定了各方面的优势地位，也没有必要继续烧钱发展代价高昂的深空探测技术。于是，美国也想言和。在经过诸多考虑后，1972年5月，美国总统尼克松访问苏联。经过沟通，双方终止太空竞赛，开始在载人航天领域进行合作。

1975年7月17日，在美方三位宇航员、苏方两位宇航员的操作下，阿波罗18号飞船和联盟19号飞船在地表200千米的高度上交会对接成功。在经过1天23小时的飞行后，二者各自返回地球，这就是历史上著名的“联盟-阿波罗测试计划”。

（图源：NASA）

1972年，美国总统尼克松访问苏联

这次行动标志着人类航天事业进入和平发展时代，成功为未来的航天飞机与和平号空间站交会对接，还有国际空间站项目的合作打下了基础。

（图源：NASA）

“联盟 - 阿波罗测试计划”构想图。美苏的这次合作奠定了后续几十年广泛的国际合作基础

但是，这也意味着火星载人探测项目基本没有复苏的希望了。

当然，这种状况并非全是由政治决策和硬件问题造成的，无法解决的深空探测对宇航员健康的影响，也是重要的考虑因素。相比登月仅一周的飞行活动而言，载人探测火星要大约 3 年时间，趁两次地球和火星靠近的窗口期完成。这对人类身体的承受力带来巨大考验，宇宙辐射、数年饮食和呼吸、长期失重、孤独，甚至核能发动机对人体的影响，都是载人登月计划无法比拟的。这些都需要深入进行研究。而载人登陆火星的难度远远大于无人着陆器，宇航员还要克服火星引力，重新进入太空。这在当时的技术下很难实现，损失宇航员生命的后果不堪设想。

各方在 1975 年后逐渐放弃了火星探测活动，月球距离火星的一步重新变成了巨大的鸿沟。

2000 亿美元投入，50 年回报

时至今日，人类没有实现从载人登陆月球到载人登陆火星的跨越，但阿波罗登月计划的意义依然巨大。它把人类航天技术推上了顶峰，也极大地影响了冷战格局。从 1972 年到 2019 年，自从美国之外唯一有可能登月的苏联解体，再也没有第二个国家短期内有实现载人登月壮举的希望。即便有中国、印度、日本和欧洲国家提出登月计划，也把时间放在了 2030 年以后，与阿波罗飞船登月的时间差了至少一个甲子。

关于阿波罗登月计划，有个著名的玩笑："宇航员前往月球，好像划着洗衣盆漂过大西洋。" 20 世纪 60 年代还没有现在这样先进的计算机技术，那时航天器的计算能力还不如现在的一个高级计算器，和手机甚至普通计算机的计算能力完全没法相比。但是，它创造的航天技术和系统工程的高度是惊人的，如同一个高高的天花板，等着世界各国去超越。与此同时，在完成登月计划之后，由此创造和积累的技术被反馈给美国的高科技产业。

阿波罗登月计划的一个直接结果是：美国航空航天局成为当代人类航天探索事业的领跑者，其最重要的三大中心都是因为该计划而建立的。1960 年建立的马歇尔空间飞行中心目前是美国航空航天局最大的综合中心，1961 年建立的林登 • 约翰逊航天中心是控制中心，1962 年建立的肯尼迪航天中心是航天器测试中心。到目前为止，美国航空航天局几乎探测过太阳系内所有的星球类型（恒星、行星、卫星、小行星、彗星、矮行星），远远领先于其他国家。

很多美国公司在阿波罗登月计划的天量投资中分到一杯羹，得以快速增长。在阿波罗登月计划中，制造飞船指令舱的罗克韦尔曾是世界 500 强企业中排名第 27 位的大型高科技公司；制造登月舱的格鲁曼曾是美国海军最大舰载机的供应商，后成为航天军工巨头诺格。在登月计划使用的土星 5 号火箭方面，制造逃逸塔的洛克

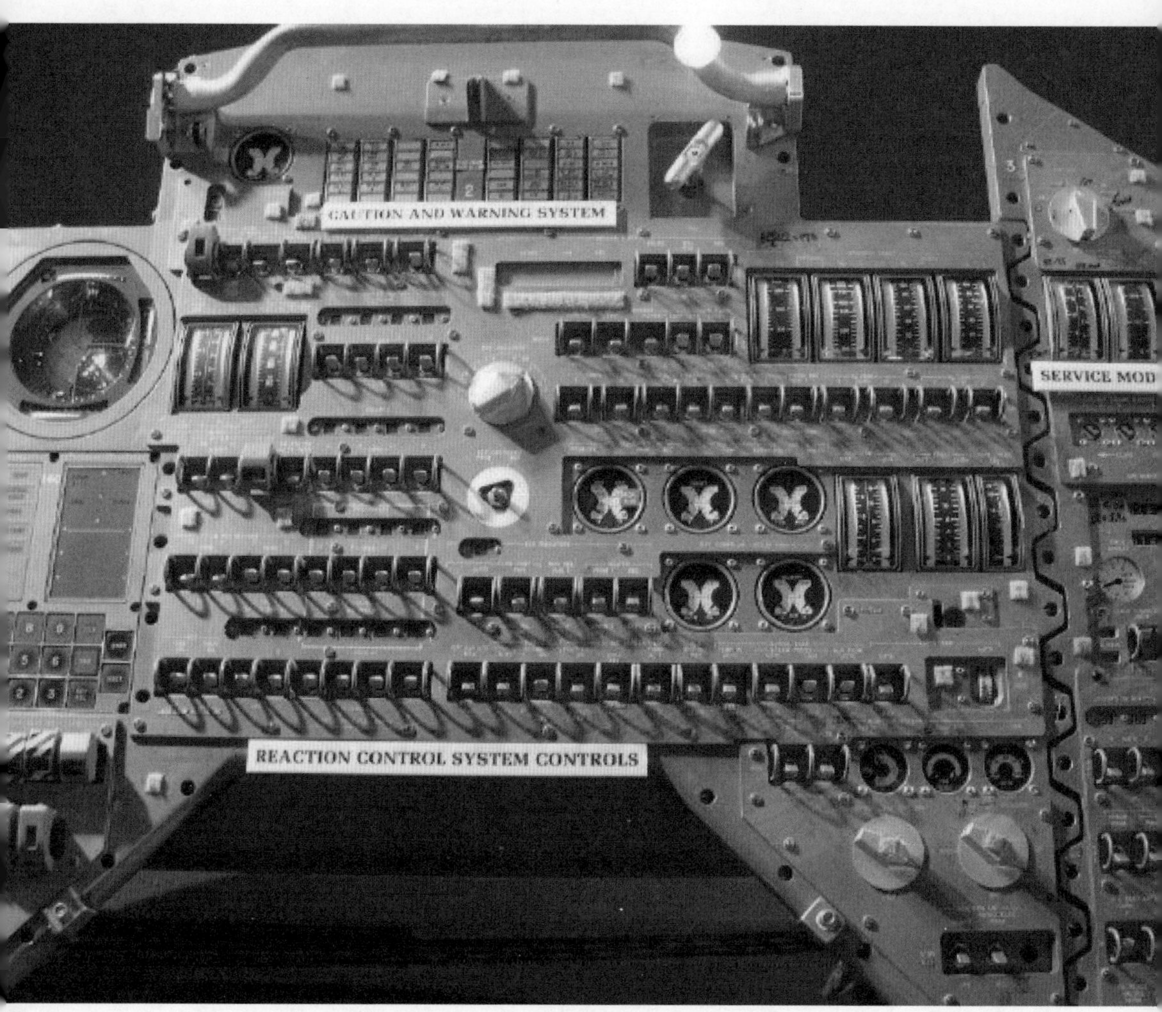

（图源：NASA）

50 年前，美国宇航员就是用这样的机械面板控制阿波罗飞船的

希德是世界上最大的防务公司；制造火箭结构的波音是排名世界第二的防务公司，也是全球最大的航空制造公司；制造火箭发动机的洛克达因是世界上最大的火箭发动机公司。这些大型防务企业的存在，也是美国保有自身强势地位的利器。

在商业方面，IBM 依靠为阿波罗登月计划提供控制和计算设备而获得了飞速发展，摩托罗拉为阿波罗登月计划提供通信设备。在集成电路、芯片和计算机行业起步阶段，阿波罗登月计划及相关研究大大促进了它们的发展，使美国公司建立了领先地位。

与此同时，美国理工科大学得到了快速的发展，大量人才储备成为高科技行业发展的保障。

阿波罗登月计划的实施推动了美国甚至全世界更快进入信息化时代。相当于如今 2000 亿美元的花费，在当时看起来非常不值，但随着时间推移，其带来的后续经济收益远远超过这个数字。

如果苏联继续保持强大的国力，哪怕是在火星探测领域取得较大的成功，双方都会继续竞争。美苏双方也许会合作完成载人探测火星甚至登陆火星的计划，当代的人类社会也许会截然不同。

这不知道是应该让人感到遗憾，还是欣慰。

遗憾在于，一直没有人类登陆火星。

欣慰在于，我们也许有机会见证人类登陆火星。

第四章

火星探测重新开启

（图源：NASA）

20 世纪 80 年代后，在阿波罗登月计划中得到发展的各个行业相继崛起。电子计算机、芯片、集成电路、通信行业等改变了人们的生活，社会生产力大大提高。但是，随着边际效应的递减，进入新时代，政治家和科学家们在隐隐思考人类发展的未来究竟在哪里。

生产力越高，人的需求也就越高。地球之外，宇宙是无穷的。

人类的第三次历史机遇

时间赋予了人们更多的思考，回过头看，人类进入文明时代后有过两次重大的历史发展机遇。

第一次是大航海时代。奥斯曼土耳其帝国中断了从东方到欧洲的丝绸之路，地中海周边国家在压力下需要开辟新路径前往东方。1487 年，葡萄牙航海家探索到非洲“风暴角”（后改名为“好望角”）。在此后数百年内，葡萄牙、西班牙、荷兰、法国、英国相继崛起，成为世界大国，它们控制了世界的经济命脉，海上贸易成为商业核心。

第二次是“全球化”时代。随着第二次工业革命的进行，在海运之外，公路、铁路、高速公路迅速发展，物流和经济交流速度大大提高，后发的工业国家开始崛起。这些国家对已有的强国发起了挑战。美国、俄罗斯、德国、日本纷纷崛起，成为工业强国，甚至主导了第二次世界大战后的国际格局。随着经济快速发展，各国消费市场快速崛起，对外贸易增加，世界进入“地球村”时代。

无论海洋还是陆地，这些国家的崛起很大程度上依靠交通工具的发展，船舶、汽车、火车和飞机等工具极大地提升了人类交通的便利。然而，这些竞争都只局限于小小的地球。按照光速，只需 0.13 秒，我们就可以围绕地球转一圈。在冷战的压力下，对立双方争相征服头顶那片天空。苏联和美国竞争如何将人类送到光速 1.3 秒后能够抵达的地方——月球，也将无人探测器送到了光速 3 ～ 22 分钟才能抵达的火星表面。

（图源：NASA）

航天飞机和国际空间站成为阿波罗登月计划的后继者，两个项目几十年内都花费了超过今天币值 2000 亿美元的巨额资金

20 世纪 70 年代，因为太空竞赛，两个国家消耗了太多元气，取得的成果只是探测荒漠般的月球、金星和火星表面。失望的人类把焦点转回近地空间。一眨眼二十几年过去了，积累的技术已经被日渐消化，主要发达国家已经进入后工业化时代。自然界与人类的冲突随着地球人口的暴增而变得日趋激烈。在技术无法快速进步的情况下，愈演愈烈的竞争导致了严重的环境污染、能源危机和粮食危机等一系列严重的问题，地区冲突此起彼伏。

与此同时，太空望远镜和其他深空探测任务的发现，让人类真正体会到了自身乃至地球和太阳系的渺小。1990 年升空的哈勃太空望远镜大大颠覆了人类对宇宙的认识，人类走向深空的想法越发强烈。这既是在为人类再次提高生产力进行技术积累，也是在为未来的人类寻找一个落脚点。广袤的宇宙是无穷的，宇宙的资源也是无穷的。人类在 2013 年认识的宇宙就足以让光在任何方向走上 465 亿年，相比而言，地球太微不足道了。在新时代，航天器会成为人类进军太空的新工具吗？第三次人类的发展机遇会是“大航天时代”吗？

20世纪末，美国建立了航天技术领先优势，航天发展政策开始出现变化，美国航空航天局将侧重点逐渐放在科学研究上面。与此同时，作为迈出地月系统的第一步，载人登陆火星再次进入人类视野。先前的研究结论告诉人类火星只是一个毫无生机的星球，但新一代科学家仍想发射更先进的探测器去火星，去近距离研究，载人登陆火星的方案被再次提出。

对人类而言，火星依然是太阳系甚至整个宇宙最应该迈出的下一步。

新的火星探索时代来了！

（图源：NASA）

火星观察者号构想图

渴望打头阵前往火星的是美国的“火星观察者号”，它在1992年9月起飞，在次年8月抵达火星附近。相比之前的无人探测器，火星观察者号无疑是最先进的。它携带了高清广角相机、激光测高仪、热辐射光谱仪、红外辐射计、磁场和电子探测仪、伽马射线探测仪等一系列先进设备，可以对火星大气、地表、重力场和磁场进行全方位研究，其重量达到了 1 吨。

然而，就在已经看到火星，即将在三天后进入环绕火星轨道时，火星观察者号与地球失去了联系。科学家尝试用各种方法与它恢复联系，均没有成功。这个花费超过 8 亿美元的大项目最终宣告失败。

开局非常不利！正如苏联和美国早期的火星探测器一样，尽管失败，火星观察者号却开启了一个崭新的时代，引领了一个新的火星探测浪潮。

全球勘探者：巨大成功

悲伤的开局并未让再次燃起热情的美国科学家气馁，他们很快总结经验教训，准备下一个任务。1996 年 11 月 7 日，“火星全球勘探者号”赶在又一个火星探测窗口期成功升空。它携带的仪器不如火星观察者号那样全面，但足以完成对火星大气、地表、重力场和磁场的研究。它的造价也相对低廉，制造和发射的预算仅在 2 亿美元左右。

1997 年 9 月 12 日，在太阳系遨游 300 天、飞过 7.5 亿千米之后，火星全球勘探者号顺利抵达火星附近，成功变轨，进入环绕火星轨道。正像此前的轨道器一样，它必须首先进入超大椭圆轨道。这意味着只有在极其有限的时间内，它才处于理想的观测火星的距离。为进入距离火星表面更近的圆形轨道，获得更好的观测效果，它采取了听起来简单却极难实现的“空气刹车”方式：椭圆轨道离火星最近处与火星之间的距离约 110 千米，这里已经处于火星大气层内。探测器利用与火星稀薄的大气摩擦产生的阻力来“刹车”，降低“远火点”，逐渐把轨道“修圆”。

这个想法是惊人的。一方面，这种技术可以大幅降低推进系统对燃料的消耗，否则探测器重量、仪器安装空间和对发射火箭的要求等会使任务难度大大提高。另一方面，这也意味着巨大的风险：如果不能准确控制轨道，火星大气会对探测器造成过大阻力，甚至吞没它。

以地球附近航天器为例，在缺乏动力的情况下，飞在距地球表面200千米的轨道上，就不可避免地会坠落，更何况这个空气刹车过程发生在距离地球数亿千米远的火星！

犹如刀尖上的舞者一般，火星全球勘探者号成功实践了这项技术，而空气刹车过程实际持续了两年多！它最终运行在距地表378千米高的环绕火星圆形轨道上，选择了独特的93度倾角轨道。这是一条太阳同步轨道，当探测器飞越地表每一点时，当地时间都是固定的。以地球上的情况为例，假设一颗太阳同步轨道卫星自南向北飞过北京时总是北京时间中午12点，而飞过伦敦的时间是当地上午10点，这意味着（通过轨道设计）它遇上的是当地最好的光照情况，各种光学仪器都能够正常工作。同时，这个轨道也利于太阳能电池板接收能量，提高仪器工作效率。

不过也有意外情况，火星全球勘探者号的太阳能电池板在空气刹车过程中被“吹弯”了。火星全球勘探者号配备了两个巨大的太阳能电池板，每个3.5米长、1.9米宽，加在一起犹如一间卧室那样大。太阳能电池板是双面的，实际使用面积还要加倍。更严重的是，在变轨过程中，一面太阳能电池板出现故障，失去了工作能力，所幸经过调整后没有造成恶劣影响。在数年工作过程中，这对太阳能电池板为探测器提供源源不断的能量，三面正常工作的总功率在667瓦特左右（原计划四面，980瓦特）。这个功率连地球上一个普通微波炉都不如，而其持续不断保持这个水平，让火星探测器工作长达10年之久！

火星全球勘探者号从地球出发到真正进入工作轨道花费了三年多时间，然后在轨工作六年，带给科学家的成果是惊人的。它首次拍下了火星的清晰全貌，绘制了火星全球地图，实现了天文学家千百年来的梦想。火星地图也具有了前所未有的分辨率（1.5 ~ 12米），可以看清楚很多之前用理论没有推测到的细节。它带来的火星全球地形图，成为后来研究火星的必备参考资料。

（图源：NASA）

火星全球勘探者号

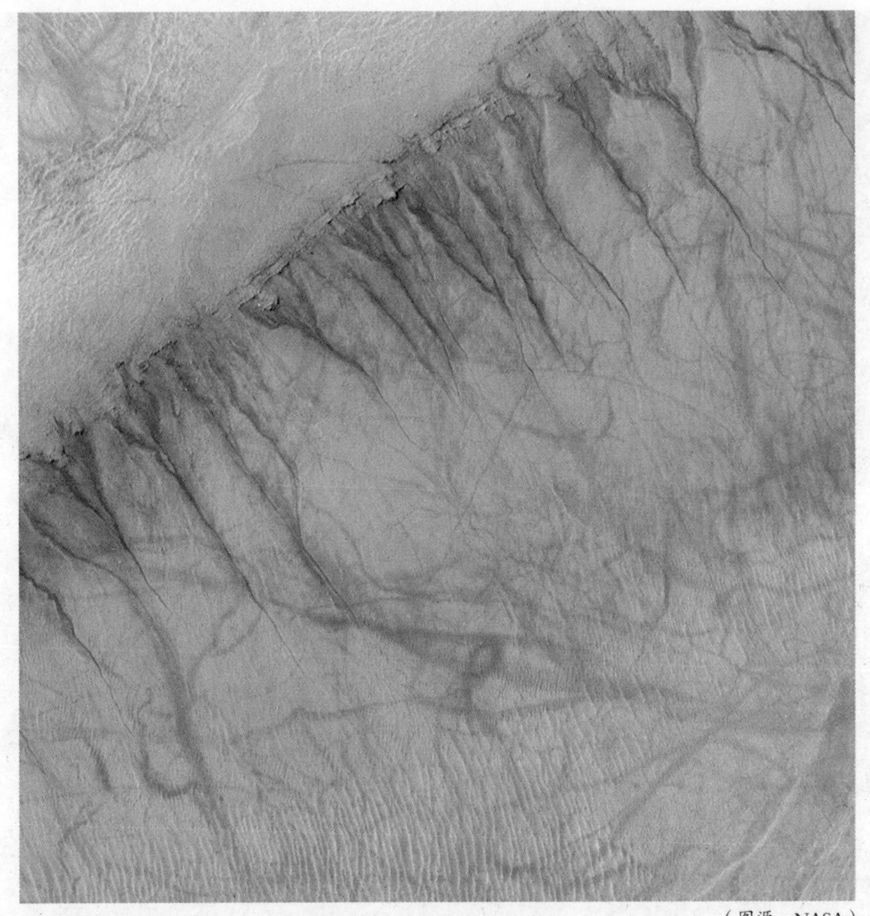

（图源：NASA）

在恺撒火山口边缘发现的类似冲沟地貌

火星全球勘探者号看到了火山口、高山与平原交界处存在的大量类似冲沟的痕迹，这可能是液态卤水流动导致的。这些冲沟的形成时间非常短，或许仅以万年计。一些非常陡峭的悬崖和斜坡则是冰川曾经存在过的痕迹。有些区域的氧化铁含量明显偏高，这是液态水曾经汇集的地方。这好比地球陆地上的盐湖、盐矿，但是已经完全没有水分存在，是水分蒸干后的遗迹。就好像地球上广袤的青藏高原，看似世界屋脊，星罗棋布的盐湖和海洋生物化石却告诉大家，这里曾经是海洋。在火星上，两极冰盖也在随着季节发生变化。它们表面是干冰，底部却是真实的水冰。在火星中纬度地区的撞击坑中也有水冰痕迹。火星全球勘探者号甚至发现了龙卷风，证明火星表面的大气并不简单，存在复杂的气候现象。

火星全球勘探者号配备的仪器还能够帮助进行火星浅层地壳基本结构的研究，特别是在火星北半球研究中起了关键作用。科学家发现，北半球地下浅层有和南半球类似密度的陨石撞击坑，只是被掩埋了起来。这更加印证了火星北半球可能发生过时代比较近的巨大地质灾难的可能性，熔岩犹如大海淹没了一切，这或许就是火星的世界末日。或许就是这次巨大的灾难，完全改变了火星。

与 20 年前的维京计划的研究成果做对比，全球勘探者计划发现火星还在继续变冷，这意味着火星大气还在进一步流失、内部还在进一步冷却，生物生存条件还在进一步变糟。科学家先前已经从理论上推测出了这种结果，但人们还是为之感到惋惜：在地球人还没有探测火星之前，火星已经失去了作为人类宜居家园的可能性。然而，水曾经存在的证据和水冰的直接发现，还是给人们带来巨大的希望。

在火星全球勘探者号工作期间，美国陆续发射了一系列探测器抵达火星。火星全球勘探者号帮助它们确定姿态、着陆地点，辅助传递数据，监视它们的工作状态，远远超出了原定的工作目标。它先后为火星探路者号（旅居者号火星车）、火星奥德赛号、火星快车号、勇气号火星车、机遇号火星车、火星侦察轨道器等一系列探测计划提供服务。它仿佛一座灯塔，指引着一批又一批前往火星的后来者。

火星全球勘探者号原计划工作时间仅一年。2006 年 11 月，在超期服役 5 年多后，它最终失去了与地球的联系。地面工作人员发送了两个错误的参数，导致它在调整太阳能帆板时出现了软件故障。另外，它的工作状态一日不如一日，犹如进入暮年。新一代探测器火星侦察轨道器想给它拍照，向地球控制中心汇报这位老前辈的情况，但人们最终并未与它恢复联系。

如今，虽然火星全球勘探者号依然按照原有轨道在火星上空飞行，但是它已经不再工作。像很多前辈一样，它也成为一座丰碑。

根据目前的状态，预计在 2050 年前后，火星全球勘探者号将坠入火星，拥抱那颗它凝视了几十年的红色星球，永远长眠在那里。

（图源：NASA）

火星快车在 2003 年抵达火星，火星全球勘探者号为它拍摄了一张照片

旅居者：第一辆火星车

新时代需要对探测任务进行升级。维京计划带来的巨大成功让科学家们兴奋不已，他们自然也要尝试对登陆火星活动进行升级。21世纪以来的火星研究进展，证明了这个决策的巨大成功。着陆器，尤其是火星车的出现，能够大大补充轨道器在高空得到的信息，获得详细的火星地面细节，二者共同提供了今天人类掌握的有关火星的全部信息。

新时代的先行者就是1996年12月4日出发的火星探路者号着陆器和旅居者号火星车。

这两个火星探测器的命名比较有意思。前文介绍过，维京号发现的火星“人脸”和阿波罗登月计划阴谋论等大大增加了公众对航天活动的兴趣，对美国航空航天局

（图源：NASA）

早在维京号登陆火星时，卡尔·萨根就已经是世界著名的天文学家和科普作家

的发展有“意想不到”的好处。进入新时代，美国航空航天局大大加强科普宣传工作，引导民众接受正确的知识，其中一个典型方法就是吸引全民参与。美国航空航天局举办全国小学生作文 / 起名大赛为火星车命名，以这种近似广告的方式拉近与民众之间的距离。作为人类的首辆火星车，旅居者号的名字是一位 12 岁小孩起的。他使用了美国 19 世纪著名女权运动领导者索杰纳•特鲁斯(Sojourner Truth)的名字，而“Sojourner”也恰好是旅居者的意思。

“探路者”本身就有探测火星的寓意。在探路者号成功登陆火星后，作为一个不能移动的着陆器，它获得了新的名字——“卡尔・萨根纪念碑”。美国航空航天局用它来纪念刚刚去世的著名天文学家、科普作家卡尔・萨根博士。萨根博士是 20 世纪 60 年代到 80 年代世界著名的科普作家，有无与伦比的公众影响力。两个旅行者号携带的人类信息黄金唱片，就是由他主持设计的。

对探路者号着陆器而言，它的主要任务是测试新的火星着陆技术，研究火星地表基本成分和大气环境，同时释放人类第一辆火星车。不同于两个维京号和苏联火

（图源：NASA）

旅居者号火星车

星 2 号等探测器的直接火箭反推着陆方案，探路者号采用了火箭反推和气囊弹跳减速结合的方案进行着陆。探路者号在安稳着陆后，便会释放小火星车旅居者号，和中国嫦娥着陆器成功登陆月球后释放玉兔月球车一样。

（图源：NASA）

旅居者号火星车被释放后，"回头"为探路者号拍了一张照片。照片显示，气囊打开后围绕着探路者号

总体而言，这个项目主要是进一步验证火星降落技术，以及对新技术进行实验，并未携带过多的复杂仪器，以研究火星大气、土壤构成和浅层地表结构为主。为避免风险，这一项目的花费比后来的着陆计划低很多，连维京计划的十分之一都不到。探路者号的研发、制造、发射、运行的花费共计 2.8 亿美元（1997），可谓性价比极高。最重要的是，它成功了！

（图源：NASA）

探路者号降落火星后拍摄的照片，可以看到小小的旅居者号正在研究一块石头

由于成本低廉，这个项目对探测器的要求也不高。按照原定计划，探路者号仅需在火星地表工作 7 ~ 30 天即可，没想到它在那里竟然顺利工作了三个月之久。在此期间，重量仅 10.5 千克的旅居者号离开它，在附近探测了约 100 米远的区域。除摄像设备外，旅居者号火星车还携带了一个小型 X 射线光谱仪和材料检测仪，用来检测岩石的基本成分。

总重达 890 千克（含降落阶段使用燃料）的探路者号着陆器仅靠太阳能电池板供应能量，功率只有 35 瓦特。小小的旅居者号功率只有 13 瓦特，连普通家用灯泡都不如，能坚持这么久确实不易。小小的旅居者号不负众望，发现火星土壤中存在大部分地球土壤所含元素，与此前两个维京号的研究结论基本一致。火星土壤中氢元素的成分仅 0.1%，这意味着暴露在太阳辐射下的火星地表已经失去了绝大部分的氢，极其干燥。同时，一些石头呈现出明显的火山喷发后的熔化重塑痕迹，说明这里曾有过复杂的地质运动，而偶尔出现的奇怪石头可能来自水流的搬运。氧化铁在火星沙尘中广泛存在，也进一步证实了此前的研究结果，不少石头有被火星稀薄的大气缓慢风化的痕迹。

另外，探路者号进一步提升了火星着陆技术，特别是为未来大型火星车的着陆提供了技术参考。电影《火星救援》也向这个火星探测计划致敬，男主角能够跟地球取得联系，在火星幸存，很重要的原因就在于他把探路者号挖了出来，与地球成功通信，这才创造了后续的奇迹。主人公还挖出了用来保温的钚-238 放射性同位素热源，这种热源跟前文提到的核电池略有区别，仅用来保暖。在电影中，主人公把热源简单包起来就成了“暖气片”。也许有人会担心核辐射的风险。事实上，钚-238 只会释放阿尔法粒子，其穿透性极弱，容易被挡住，而热量可以安全传导。这部电影源于硬科幻作家安迪·威尔的同名小说，作者对科学技术细节的用心令人叹服。

90 年代末：祸不单行

中国有句老话：“福无双至，祸不单行。”

一次成功，并不意味着下一次也会成功；一次失败，却总是伴随着更多的失败。就像墨菲定律一样，人们最不希望发生的事情总会发生。在这一波火星探测浪潮中，打头阵的美国火星观察者号失败了。火星全球勘探者号挽回了一些颜面，随后的俄罗斯“火星96”探测器项目是人类探测火星过程中的又一个巨大失败。没错，新时代的俄罗斯继续着苏联探测火星失败的噩梦。

1996年，俄罗斯继承苏联的衣钵，尝试登陆火星。按照惯例，俄罗斯派出了史无前例的大家伙——“火星96”探测器，重达6.2吨！这是当时最复杂的火星探测任务，探测器配备的科学仪器数量惊人。

“火星96”探测器分为下面三个部分。

第一，轨道器，配备26种科学仪器，可以绘制多光谱/频谱火星地图，研究火星磁场、大气结构、火星附近太阳风和宇宙辐射等，仪器数量前所未有。

第二，着陆器，配备8种科学仪器，可以研究火星土壤结构、地表与地下温度和地质情况等，比同年发射的火星探路者号复杂很多。

第三，表面穿透器。这个类似火箭的东西可以从轨道器直接“发射”，飞向火星，在降落过程中分成两个部分：一部分是科学仪器，用降落伞减速；一部分径直扎进火星土壤，在理论上能够深入10米，对研究火星地表以下土壤和岩石结构，意义非凡。这个穿透器体现了火星探测活动前所未有的新技术。

“火星96”探测器还为火星带去了地球人的礼物——一张CD光盘，里面录有人类著名小说（尤其是关于火星的科幻小说）和音乐等艺术作品。它的科普宣传意义极大，显然俄罗斯是要证明自己的航天实力。

然而，这个颇具雄心的探测器在发射阶段就遭遇不测。1996年11月16日，火箭刚刚把探测器推送到近地轨道、准备变轨飞向火星时，发动机出现了故障。这个肩负着伟大使命的探测器刚刚脱离地球引力，就很快又被拽了回去，焚毁在地球大气中。

这次失败极大地打击了新时代的俄罗斯对火星探索的积极性，从此长期离开了与美国的竞争舞台。

从“火星96”探测器开始，火星探测的超级梦魇又开始了。

（图源：NASA）

“火星 96”探测器在进行组装

在两年后的火星探测窗口期，相继有三个探测器升空。1998 年 7 月 3 日，日本首个火星探测器“希望号”升空，这也是亚洲首个火星探测器。这是一个 540 千克重的小型探测器，需要借助复杂的月 - 地引力助推方式才能抵达火星。希望号在太空中旅行 5 年后，2003 年 12 月最终入轨失败，结束了自己的使命。

在火星探路者号和旅居者号火星车成功之后，美国又很快派出火星极地登陆者号前往火星，着陆目标是火星南极，并且配备了深度空间撞击器。这个撞击器的任务类似俄罗斯的“火星 96”探测器：研究火星土壤深层结构。这个探测器飞行了 11 个月，1999 年 12 月 3 日抵达火星，在降落到距离火星南极仅 40 米高度时发生故障。小型火箭发动机停止反推工作，探测器在火星引力作用下坠毁。撞击器在撞击火星地面后和地球完全失去了联系。

随后发生的另一个意外，则成为美国航空航天局在历史上犯下的最低级的错误，让其公信力降到了低点。

（图源：NASA）

美国航空航天局的经典科普宣传画面，极地登陆者号在火星南极仰望星空。实际上，极地登陆者号在火星上摔得粉身碎骨

火星气候探测者：粗心大意有多伤

1998 年 12 月 11 日，花费 3.3 亿美元的火星气候探测者号升空飞往火星。正如它的名字一样，这个小型探测器（近 638 千克）的核心任务是研究火星表面大气和火星气候的演化，以及全面探测火星水资源（水蒸气、冰、地下水）。

1999 年 9 月 7 日，火星气候探测者号终于抵达火星附近。探测器打开相机拍下了第一张火星照片，证明一切正常。

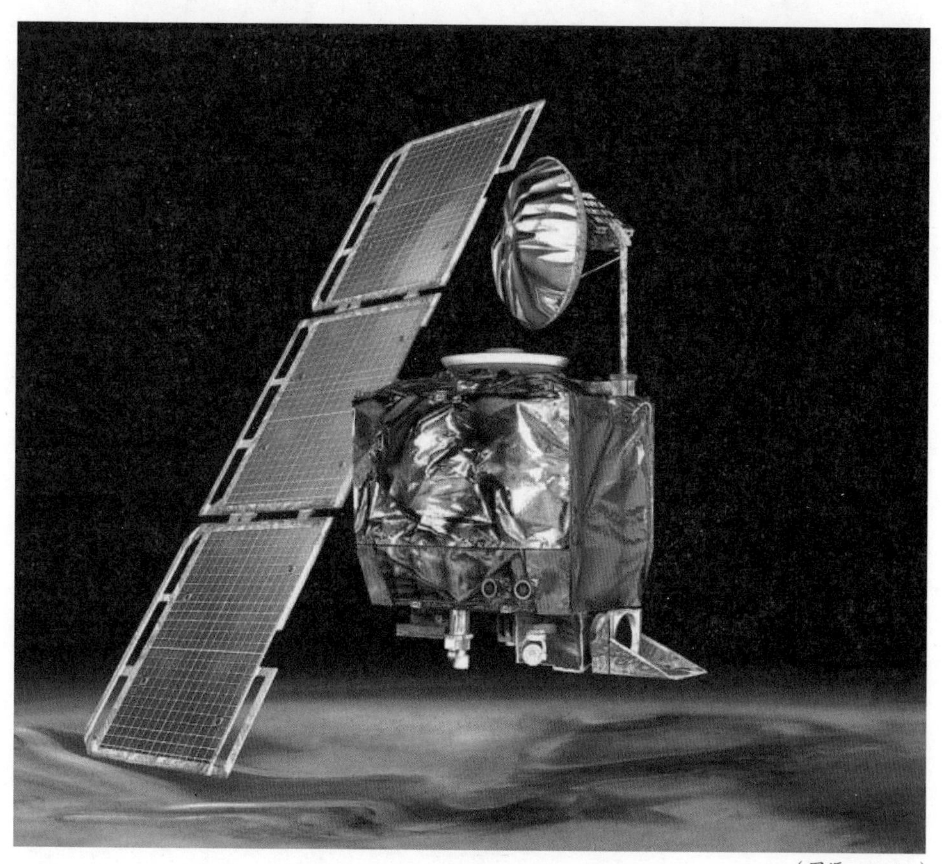

（图源：NASA）

火星气候探测者号

（图源：NASA）

火星气候探测者号拍下的唯一照片

9 月 23 日，火星气候探测者号正式抵达火星，开始减速，准备进入环绕火星轨道，依旧采取的是空气刹车技术。负责整体开发的美国航空航天局喷气推进实验室（JPL）和负责生产制造推进系统的洛克希德-马丁公司开始合作调整轨道。

在调整轨道过程中，探测器突然失去联系，任务宣告失败。

经过调查，发现问题由一个极小的失误造成：洛克希德-马丁公司在制造探测器时将导航软件的计算单位设置为公制，而喷气推进实验室的工作人员在地面操纵时却将公制单位数据当作英制单位数据来使用。我们要知道英制与公制的差距不小。

更为严重的是，工作人员按照英制单位给飞行控制软件下达命令，反馈回的信息又被不同的人理解为不同的单位。就这样错上加错，探测器在有十几分钟信号延迟的情况下错误进行机动调整。这样做的直接后果是，探测器入轨的轨道最低处距离火星只有 57 千米。虽然火星大气比较稀薄，但探测器飞行高度低于 80 千米时会对其造成较大摩擦，甚至永久性伤害。于是，这个让科学家信心满满的探测器就这样遗憾地坠毁在火星大气里。前文提到的极地登陆者号也是研究火星大气项目的另一个重要成员，两个探测器在同一个火星探测窗口期出发，不幸全部遇难。

在考试时，不写清楚单位就要扣分或不得分，这是很简单的道理。

“气候探测者号事件”被称为美国航空航天局历史上最低级的失误，事后各方进行了深刻反省。美国航空航天局建立了一套机制，预防此类事件再次发生。

这样，20 世纪最后几年的火星探测活动都以失败告终，让人痛心不已。不管怎样，失败是成功之母，人类毕竟在短短几十年内完成了对火星真容从无到有的研究。反复经历高潮和低谷，科学界在此期间储备的技术已经能够完美用于新世纪的火星探测任务中。

新世纪的曙光，孕育着人类征服火星的完美时代！

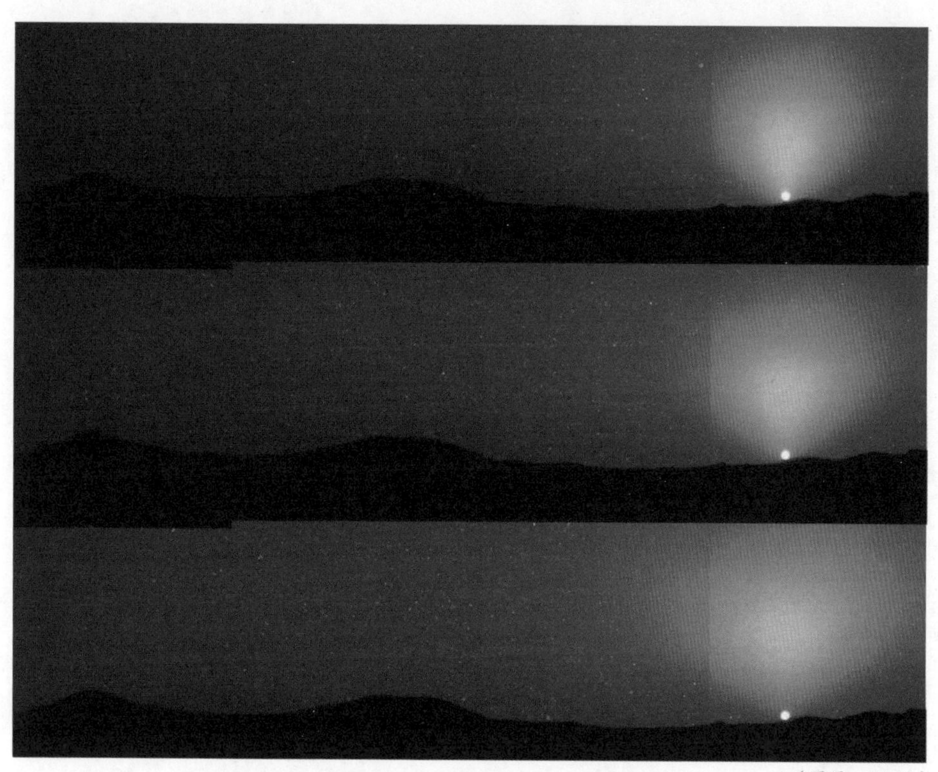

（图源：NASA）

探路者号在火星表面拍下的太阳场景。这些美丽的照片，掀起了人类探测火星的又一波高潮

第五章

21 世纪的辉煌

（图源：NASA）

20世纪最后几年，人类的火星探测活动接连遭遇重大挫折。俄罗斯“火星96”、日本希望号和美国火星气候探测者号、火星极地登陆者号探测器，失败得越发惨烈。随着新世纪钟声的敲响，人类文明迎来了又一个千年。继美国、苏联/俄罗斯、日本之后，很多国家相继开始了自己的火星探测活动。事实证明，人类最终会走出阴霾，迎来前所未有的灿烂辉煌。

多国探测器驻扎火星上空

进入21世纪，在仅仅十几年中的几个火星探测窗口期，不同探测器争先恐后将脚步踏上火星，人类迎来崭新的火星探测时代。

奥德赛号：火星探测老兵

1968年，美国上映了一部曾夺得北美最高票房、奥斯卡最佳视觉效果奖的科幻电影——《2001：太空漫游》（*2001: A Space Odyssey*）。这部电影是根据20世纪著名科幻小说作家亚瑟·克拉克的小说改编而来的。实际上，这部电影的中文译名少了一个最重要的名词——奥德赛（Odyssey），电影的中文名字应该叫作《2001：奥德赛太空漫游》才对。奥德赛是《荷马史诗》中著名的英雄人物，在受到海神波塞冬的惩罚后历尽千辛万苦回到家园，具有不屈不挠、不畏艰险的探索精神。

新世纪的第一个火星探测任务以“奥德赛”命名的原因也是如此：一方面，这一任务时间是2001年，恰好符合33年前上映的电影对未来时间的设定，任务名称与深入人心的电影情节契合，利于引人关注；另一方面，英雄奥德赛在经历重大挫折后崛起，与20世纪90年代末人类火星探测事业遭遇重大挫折后渴望重新突破的情况相似。科学家们希望奥德赛号探测器能够重振人类的信心。

这里还有一个小插曲，奥德赛是克拉克小说的名称，受版权保护，美国航空航天局并不能直接使用。美国航空航天局特意联系克拉克，商量关于奥德赛名字的授权问题，克拉克欣然同意，表示可以随意使用。不过，应该没有作者会拒绝这个用自己小说名称命名太空探测器的莫大荣耀。

2001 年 4 月 7 日，奥德赛号火星探测器带着人类的期望，随德尔塔 -2 型火箭拔地而起。有前车之鉴，也是承前启后，奥德赛号配备的科学仪器并不多，主要是热辐射成像系统、伽马射线光谱探测仪和火星环境辐射探测仪等，用以整体分析火星的基本情况。它还配备了各种通信设备，为未来的火星车和地球通信提供重要的中继服务。

（图源：NASA）

已经工作 18 年的奥德赛号依然没有退休

奥德赛号取得了丰硕的成果，最重要的是在火星上发现了水广泛存在的线索。借助探测仪器，它发现了氢元素在火星地下大量存在的事实，尤其是在火星两极底部、奥林帕斯山山坡。火星空气中的氢元素含量甚至有周期性变化。氢原子可以来自很多物质，但水是最有可能的来源，这证明火星上可能有大量水冰存在。后来的凤凰号着陆器在火星北极附近地下发现水冰，这个发现极大地振奋了科学家。

那时已经暂缓进行火星探测活动的俄罗斯首次和美国进行深度合作：在奥德赛号配备的最重要的伽马射线光谱探测仪中，高能中子侦测器由俄罗斯制造，正是这个侦测器发现了水。奥德赛号标志着两个航天大国在探测火星活动中开始进行合作。

当然，奥德赛号更重要的使命是作为未来的地面着陆器和火星车的信号中继站，相当于火星上空的一个信号基站。奥德赛号对后来的几个重要的火星登陆活动的成功起到巨大作用，它为勇气号火星车、机遇号火星车、凤凰号着陆器、好奇号火星车提供着陆点筛查信息，也为它们传递信息起到重要作用。勇气号火星车和机遇号火星车超过 80% 的数据是由奥德赛号传回地球的。

奥德赛号相当于全球勘探者号的接班人，甚至采用和前辈一样的空气刹车技术进入火星轨道，这是一个高度为 400 千米左右的圆形轨道。它和全球勘探者号一样超期服役，可谓高寿。从 2001 年 10 月 24 日进入火星轨道，直到 2019 年，虽然所

（图源：NASA）

奥德赛号拍下的盖尔撞击坑细节，是好奇号火星车降落此处的重要参考

带仪器已经有两个无法使用，但它依然保持工作状态，主要负责传递数据。美国航空航天局预测它能够继续工作到 2025 年左右。

随着时间推移，奥德赛号一定会渐渐隐去。作为历史上最不可思议的火星探测轨道器，所有人都希望它能够长寿。

火星快车：欧洲探测器踏上火星

1975 年，欧洲 22 个国家联合组建了欧洲航天局（ESA），后逐渐发展成为世界上排名第二的航天科研机构，也是仅次于美国航空航天局的航天科研机构。由于集中了欧洲国家的航天实力，欧洲航天局不容小觑，在科学领域的建树更是亮点频出。

在 21 世纪初人类航天活动重新恢复热度的时代，欧洲航天局自然也开始计划进行地月系统之外的深空探测任务，其首个计划就是“火星快车”。火星快车得名于 2003 年 6 月的发射窗口，发射几个月后是 6 万年来火星与地球之间最近的时候，这一机会千载难逢，探测器只需半年左右即可抵达火星（6 月 2 日出发，12 月 25 日抵达），犹如快车一般。

在此之前，美国、苏联 / 俄罗斯、日本的探测活动遭遇过太多失败，而且没有国家能够探测火星首战告捷。进行第一次火星探测的欧洲人没有把所有鸡蛋放在一个篮子里，这个探测器的预算也相对较少，仅 3.5 亿美元左右。为节省成本，火星快车和欧洲航天局的另外两个重要任务——探测彗星的罗塞塔号、探测金星的金星快车，使用基本相同的卫星平台。火星快车低成本、多功能，搭载了英国主要负责研发的小猎犬 2 号火星着陆器。小猎犬 2 号的名字来源于伟大的生物学家达尔文在研究物种起源时乘坐过的帆船。由此可知，欧洲人对这次任务充满期待。

同时，通过资助俄罗斯科学家和使用俄罗斯运载火箭，欧洲航天局换取了俄罗斯失败的“火星 96”探测器项目仪器设计方案做参考，从而实现了双赢：一方面为不断受挫的俄罗斯科学家雪中送炭，另一方面夯实了欧洲国家和俄罗斯在航天领域合作的基础。在英国，小猎犬 2 号这个价值 1.2 亿美元的项目有三分之二经费来自政府之外的私人赞助，性价比极高。在科学研究方面，火星快车主要用于绘制火

（图源：NASA）

飞行在火星上空的火星快车和原计划降落在火星表面的小猎犬 2 号构想图

星表面的高清地图，以及研究火星大气成分和全球大气循环。以意大利、法国、德国、瑞典和英国为主的欧洲国家设计制造了更加先进的仪器。

让人吃惊的是，这个花费并不昂贵的探测器取得了惊人的成绩。火星快车最大的成果就是对水的发现，印证了之前美国探测器的初步发现，记录了更多细节。利用光学与红外矿物光谱仪，它发现火星两极冰盖中蕴藏的纯净水冰是天量资源，南北极冠中的水冰总量甚至超过地球上的格陵兰岛。而格陵兰岛的水冰全部融化后，足够地球海平面上涨 7 米！可以想象，火星的水冰足够为未来人类建立火星基地提供水资源。

2018 年 7 月，利用这个已经工作了 15 年的探测器获得的地下电导率数据，科学家发现了疑似火星地下水湖的存在。在火星南极极冠之下 1.5 千米处有一个直径达到 20 千米的电导率异常区域，据专家推测，这里可能存在一片地下水（湖泊）。相较而言，杭州西湖湖面最宽仅 3.2 千米。疑似火星地下湖的发现，是人类探测火星历史上里程碑式的重大事件。

水是生命之源，大量的水存在意味着有孕育生命的可能。前文曾经介绍，火星表面条件恶劣，辐射强、温差大、接近真空、极其干燥，但火星地下或许是截然不同的光景。火星南极极冠附近长期酷寒，各处充斥二氧化碳干冰，地下湖所在位置的温度也低至零下 68 摄氏度。但是，这里没有结冰，说明水中可能富含各种盐类，是高浓度卤水。在火星上，高氯酸盐并不罕见，所以这个水湖很可能溶解了大量高氯酸盐。氯酸钾被加热后能够产生氧气。同时，水本身是一种优秀的能量转换介质，电解水（如使用太阳能和核能）产生的氢和氧都是人类所需的：氧气可用于呼吸，二者也是重要的火箭能量来源。液态水湖藏在极冠之下 1.5 千米深的地方，这意味着利用起来难度并不大。重要的是，这只是被发现的第一个液态水湖。这一重大新闻让全世界为之疯狂。

火星快车还发现火星依然存在微弱的地质活动。结合此前好奇号火星车的发现，火星极有可能依然在源源不断地往宇宙空间释放甲烷等物质，而这正是地球在孕育生命阶段的基本情况。

有了这些让人欢欣鼓舞的发现，火星快车也不负众望，继续保持良好的工作状态。在抵达火星后，火星快车的工作时间被先后 6 次延长，服役时间长达 16 年，2019 年依然在工作。它的身份也从一个为欧洲航天局披荆斩棘的探路者变成了后续火星探测器的老前辈，值得尊重。

（图源：NASA）

地下水湖藏在火星南极极冠下面

但是，火星快车携带的小猎犬 2 号火星着陆器就没有那么幸运了。按照原计划，它们在火星轨道外分离，分别奔向火星，从天空和地上同时探测火星。二者在 12 月 19 日成功分离，预计在 12 月 25 日圣诞节前后相继抵达预定火星轨道。然而，小猎犬 2 号在登陆火星的过程中不幸失联。经过几个月的调查，专家们仍然没有找到原因。后来，火星侦察轨道器的高清相机拍摄的画面证实小猎犬 2 号成功着陆。遗憾的是，由于通信故障失联，它最终没有进入工作模式。前文讲过，这种轨道器和着陆器在切入火星轨道前分离的方式不算最优。轨道器自身切入轨道的难度降低了，但分离后的着陆器着陆窗口过小，几乎没有足够的余量进行调整，难度很大。苏联的探测器几乎都是这样失败的。第一次进行登陆火星尝试的欧洲人，也在这里吃了大亏。

爱调侃的美国人有个关于小猎犬 2 号的故事：在《变形金刚》系列电影里，小猎犬 2 号被宇宙邪恶势力霸天虎的红蜘蛛发现并破坏了，而红蜘蛛发现小猎犬 2 号来自隔壁的地球。地球有生命的推论，使宇宙邪恶势力最终将战火烧到了地球。

侦察轨道器：顶级“侦察”卫星

在有了奥德赛号的巨大成功后，美国航空航天局重拾信心，开始着手把更先进的探测器送往火星，最终设计制造了给人以军事侦察卫星遐想的“火星侦察轨道器”。这个探测器造价达 7.2 亿美元，具有前所未有的高精度科学仪器，可以和地球轨道上的军事侦察卫星媲美。

在 2005 年 8 月 12 日的窗口期，重达 2.2 吨的火星侦察轨道器乘坐宇宙神 5-401 型火箭顺利升空，7 个月后抵达火星。基于此前的空气刹车实验，它张开两面 5.4 米长、2.5 米宽的巨大太阳能电池板开始刹车，甚至减少了轨道修正次数，以便顺利进入目标轨道。

这是人类目前最先进的火星探测轨道器，它配备的仪器水平大幅度超过其他火星探测器。探测器有一个高分辨率相机，口径达到 0.5 米。它的拍照精度甚至超过了地球遥感卫星使用的绝大部分高精度观测相机，可以拍下火星表面最高分辨率为 0.3 米的超清图像，已经超过了谷歌卫星地图的分辨率（仅 1 米而已），足够让人们看清楚街道上的汽车。它拍摄的每张照片的清晰度能达到惊人的 8 亿

（图源：NASA）

火星侦察轨道器

（20000 × 40000）像素，单张照片的数据量达到 16.4 GB，远远超过其他火星探测器。后续的一些火星着陆器和火星车，如凤凰号、好奇号，都依赖火星侦察轨道器提供的着陆地点信息完成登陆任务和路径规划。两面庞大的、高效的太阳能电池板功率高达 2000 ~ 3000 瓦特，大幅超出以往的电池功率。例如，同样仍在工作的奥德赛号，其太阳能电池板功率仅有 750 瓦特。

有个例子可以说明火星侦察轨道器的仪器精度。当它飞到由维京 1 号发现的火星"人脸"上空时，为人类揭示了这张"人脸"的真相。人们看清楚了"人脸"的每个细节，也因此感到失望。

火星侦察轨道器还配备了先进的灰阶影像相机、彩色成像机、影像频谱仪、浅地层雷达等仪器，以便全面分析火星地貌。例如，它清晰地观察到多个陨石撞击坑里存在大量的冰，根据环境推测出是水冰。随着时间推移，这些冰块在缓慢地升华。这意味着火星土壤下可能残留水冰甚至液态水。而在高山地区，它甚至观测到了惊人的"雪崩"场景，这意味着山上有雪和冰存在，还有下雪天气（凝结的二氧化碳），说明火星上依然存在一定的地质活动和大气活动。

通过观测，再综合其他几个探测器的探测结果，火星侦察轨道器还验证了一个

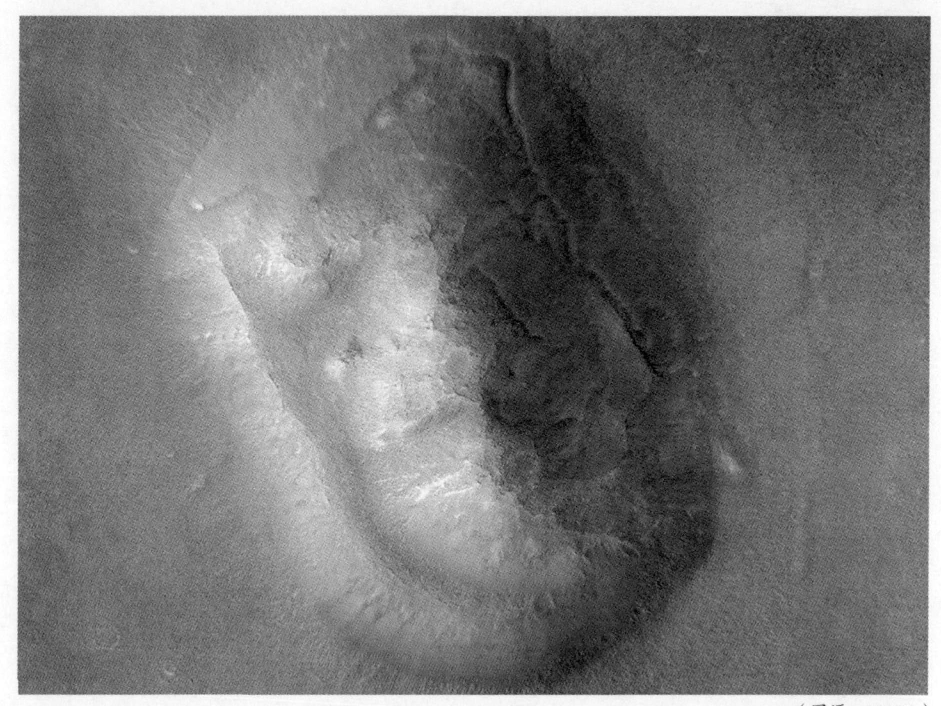

（图源：NASA）

火星侦察轨道器拍下的高清“人脸”

基本事实：火星上广泛存在含有氯元素的盐矿，如氯化钠（食盐）、氯化钾、氯化镁等，这些物质都可以为人类生存提供基本支持。火星上的盐矿与地球上的盐矿形成机理一样，火星上含氯的盐不可能主动聚集，它们的形成只有一个可能：存在巨大的海洋或湖泊，当水分蒸发后，溶解的盐析出而形成了巨大的盐层。这相当于确认火星的远古时代存在湖泊和海洋。

2011 年，火星侦察轨道器直接看到火星的斜坡地区在夏季温度下（25 摄氏度左右）有疑似大规模的液态盐水流动情况。从表面上看，斜坡上有大概一千多条“小溪流”，每条溪流的宽度在 0.5 米到 5 米不等，长度可达数百米。这是个振奋人心的好消息。如果能够确定这就是含盐卤水，就说明火星可以为人类提供包括水在内的各种宝贵资源。

在深空探测方面，火星侦察轨道器也成为新一代高速通信技术的试金石。正如手机移动通信经历了 1G、2G、3G、4G 乃至 5G 的变迁一样，进行深空探测的航天

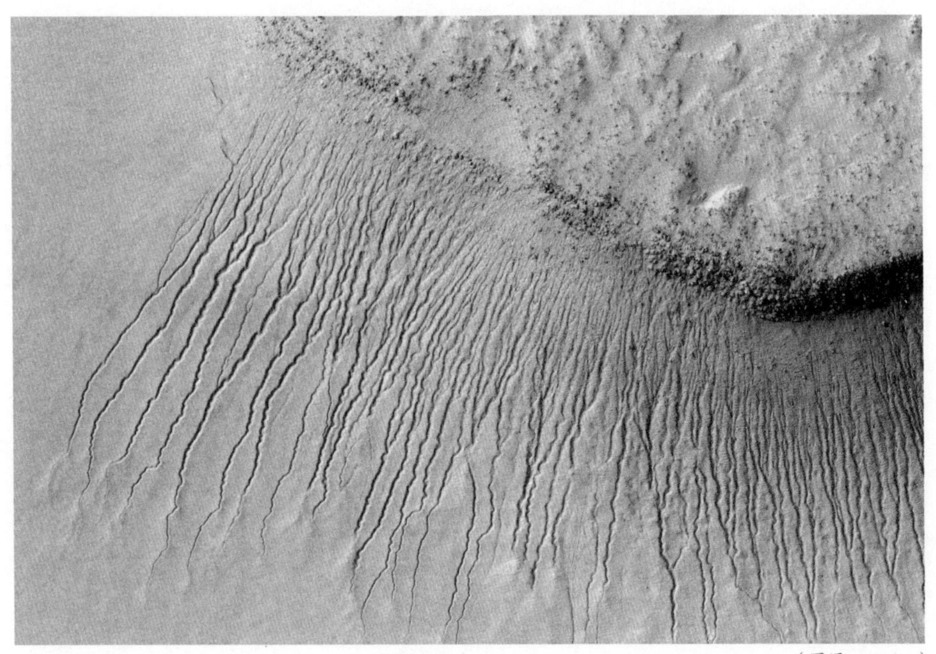

（图源：NASA）

火星侦察轨道器拍下的“溪流”

器未来的通信速度也需要快速提升。火星侦察轨道器能够拍摄大量精美图片，每张图片被压缩后依然有 5GB 左右大小，这种庞大的数据量以其他探测器的通信速度是不可能传递的。最早的水手 4 号工作三年总共才收集了 634KB 数据。火星探测技术的进步由此可见一斑，其背后体现的深空通信技术的进步也是显而易见的。

为满足通信要求，火星侦察轨道器配备了超高频天线。相比之前普遍采用 X 波段 8 GHz 频率的探测器，它首次采用了高达 32 GHz 的 Ka 波段信号。它拥有一个巨大的天线，将数据传输速度提高了 10 倍以上，达到 6 MB/ 秒。这是一次影响深远的尝试，因为数据传输速度已经成为很多探测器实现目标的瓶颈：如果数据无法快速传输，很多高级仪器是没有意义的，探测器就不可能执行多种任务。而火星侦察轨道器用实际行动证明了一切：它传递给人类的数据，超过其他所有火星探测器传递回来的数据总量的两倍！

这个花费巨资打造的探测器不负众望，为人类带来大量的科研成果。它还异常坚强，工作状态大大超出预期，原计划两年的任务被不断延期。直到今天，它仍然在正常工作。按照美国航空航天局的预计，它有很大的概率持续工作到 2030 年。

毫无疑问，火星侦察轨道器将是人类探测火星进程中的又一个“奥德赛”。

MAVEN：火星大气专家

气候探测者号在火星大气中焚毁后，美国航空航天局亟须填补对火星大气全方位研究的空白。MAVEN（Mars Atmosphere and Volatile EvolutioN Mission）因此应运而生，它的全称翻译过来应该是“火星大气与挥发物演化研究任务”。这个缩写取了犹太人广泛使用的希伯来语和意第绪语中表示专家、大腕的词汇在英语中演化而成的专有名词“MAVEN”，因此称其为火星大气专家是再贴切不过的。有了前面火星侦察轨道器的成功例子，美国航空航天局对 MAVEN 任务的投资也非常高，它的造价高达 6.7 亿美元。

对于火星大气的研究极其重要，甚至不亚于对火星表面的研究。这正如人类的生存不仅依靠大地和海洋，更离不开大气一样。这里孕育了风霜雨雪，带来气候变迁，更为我们提供了需要时刻呼吸的氧气。火星曾经具备足够的大气，才能维持大量液态水的稳定存在。峡谷、盐矿、冰盖乃至夏季出现的液态盐水，都是稠密大气存在过的证据。但是，它们为什么几乎消失，以致火星今天的大气密度不到地球大气密度的百分之一呢？

在先前的火星探测中，关于大气的研究都比较粗略，只是测量了大致的密度、气压、成分等基本信息，却始终无法解释为什么火星的大气可以演化到今天。在今天这种情况下，火星的未来将会如何？这对于人类未来征服和改造火星是极有意义的：如果火星大气演化的历史告诉我们火星大气还会继续变糟，那就没有必要继续改造大气，应该专注于建设封闭的火星家园；如果火星大气出现今天这个状况只是因为意外，现在仍在向较好的方向发展，比如大气中的二氧化碳在持续增多，那就可以通往另一个研究方向——专注发展大型人类基地，进而全面征服火星，将其改造成适合人类居住。带着这些要解开的谜题，火星大气专家 MAVEN 在 2013 年 11 月 18 日乘坐巨大的宇宙神火箭升空而起，此时距离它的前辈气候探测者号牺牲在火星已经 15 年了。

（图源：NASA）

火星大气专家 MAVEN

将火星大气剥离的主力就是太阳风，否则火星引力足以维持一定的大气围绕它运动。太阳风给大气分子加上能量，使有些气体分子的速度能够超过逃逸速度，逐渐脱离火星。分子量越轻的气体，如氢气和氦气，表现得越明显。因此，MAVEN 最重要的任务是研究太阳风和火星大气的相互作用，其配备的主要仪器有电子分析仪、离子分析仪、热离子分析仪、高能粒子分析仪、电离层探针、磁力仪、紫外线光谱仪、中性气体探测仪等，几乎可以从各个维度全方位解读火星大气受到的太阳风的影响和每个细微的变化。

不过，MAVEN 并没有得出振奋人心的科学探测结果：科学家推断，最早在 37 亿年前，火星可能具备孕育类似地球生命的条件，这与地球最早在 40 亿年前出现最原始的孕育生命的物质的时间相差不多。不幸的是，随后火星已经开始逐渐流失包括二氧化碳在内的大气主要成分，这意味着地核开始冷却、磁场开始变弱，使大气无法抵御太阳风冲击。随着全球温度和大气压力降低，水分子即便结合成水冰，也会不断逃逸。宇宙射线和太阳风甚至能把它们直接轰击成氢和氧，使其最终永远离开火星。

这个趋势已经持续了几十亿年，而且仍在继续。在 MAVEN 的任务时间里，恰好太阳活动增强（2014—2015）。在太阳活动增强时，火星大气流失速度更快，在近日点的流失速度比远日点快上 10% 左右。即便现在，太阳风依然在以 100 克 / 秒的速度将火星大气剥离。这个量看起来并不多，但这几乎是一个没有补充的单向进程，迟早有一天火星会变成近乎真空的环境。这也符合维京计划和后来一些探测任务的对比结论：火星在逐渐变冷，温室气体二氧化碳在消失，这是不可逆的结果。

天文学家已经对这些现象有了心理准备，但这个结果还是让人再次深感惋惜。这意味着人类几乎没有整体改造火星大气的可能性，因为它已经完全进入单向流失的恶劣情形中。也许，最理想的情况还是建立一个封闭的人类家园，或者人类进入火星地下生存。

同很多战友一样，MAVEN 也是在超期服役。它目前依然在工作，作为信号转发系统，为几个在火星表面工作的火星车服务。

ExoMars：欧洲和俄罗斯联手的生命寻迹之旅

在美国人继续探测火星的同时，欧洲[①]科学家也想填补火星探测的空缺，再次挑战登陆火星，以弥补小猎犬 2 号的遗憾。这也反映了欧洲火星探测活动与美国的不同：美国在 21 世纪以来主要依靠长期稳定工作的轨道器为着陆器服务，着陆器和轨道器分别发射；欧洲则将两个任务放在一起，以轨道器任务为主。

欧洲最主要的目标是探测火星上是否存在生命。欧洲航天局为此批准了一个庞大的火星生物学探测计划（Exobiology on Mars），简称“ExoMars”。欧洲航天局计划通过多个任务，从大气、地面、地下等多维度全方位解析火星。不过，由于任务规划与美国航空航天局的计划有所重合，而美国方面把部分项目资金用于支持后来的吞金巨兽——詹姆斯·韦伯太空望远镜，导致双方在短期合作后分手。与此同时，已经与欧洲在火星快车项目上合作过的俄罗斯抛来橄榄枝，表示双方可以合作，以取长补短，降低风险和成本，两家一拍即合。

2016 年 3 月 14 日，这个计划的第一步，重达 3.8 吨的火星微量气体探测器和斯基亚帕雷利号着陆器顺利升空。它们的主要任务有三个：研究火星大气中与生命有关的甲烷等微量成分；再次尝试释放小型着陆器降落火星；为后续的火星车做通信转发。

“斯基亚帕雷利号”这个名字取自 19 世纪意大利著名天文学家乔凡尼·斯基亚帕雷利，他曾根据自己对火星的持续观察绘制了火星地图。

① 本书“欧洲”并非纯粹地理学概念，是政治、经济和文化等方面的一个概念。在航天领域，即指欧洲航天局的成员国。

（图源：Pline）

火星微量气体探测器及其携带的斯基亚帕雷利号小型着陆器

火星微量气体探测器的核心使命是寻找诸如甲烷等碳氢化合物，还可以探测一氧化碳等碳氧化合物、硫化物、含氮气体、臭氧、氢气等多种微量气体，这些都是孕育生命的环境必需的。它配备了大气化学研究套件、掩星多光谱探测仪、精细超热中子探测器等多种先进仪器，能够分析先前美国探测器无法探测的大气成分。俄罗斯负责两个主要探测仪器的研发。这个探测器目前刚刚结束空气刹车阶段，进入火星轨道，尚未公布主要科研结果，还需拭目以待。

2016 年 10 月 19 日，与火星微量气体探测器分离的斯基亚帕雷利号尝试在火星着陆。然而，这个重 577 千克、直径 2.4 米、高 1.8 米的着陆器在最后 50 秒突然发生软件故障，控制系统和通信系统出现错误，最终在火星坠毁。当时在火星上空的数个探测器拍下了爆炸产生的痕迹。这很像当年美国的极地登陆者号在距离火星表面 40 米时坠毁的情景。

这就像肯尼迪关于阿波罗登月计划说过的一样，人类前往火星，不是因为很简单，而是因为很难。

探测火星，真的很难！

曼加里安：超高性价比的印度探测器

在 2013 年 11 月的火星探测窗口期，印度也加入了探测火星的大家庭。印度航天事业起步较晚，这次直接挑战火星探测，难度极大。此前世界各国首次探测火星的惨痛经历想必大家已经有所体会，因而可以理解为什么印度没有为这次任务押下大量赌注。这次任务的花费仅 7000 万美元，这个价格仅是美国和欧洲同类探测器预算的十分之一到五分之一。

这个探测器的名字叫“曼加里安”，梵语是火星探测器的意思。

曼加里安号重量达到 1.3 吨，配备的有效科学仪器重量只有 13 千克，包括印度自主研发的阿尔法光谱仪、甲烷探测器、中性粒子质谱仪、彩色相机和红外光谱仪等。作为印度首个探测火星的任务，做到这些已经着实不易了。这次任务也极大地考验了印度的深空探测通信网络。印度依靠自身的能力显然不够，美国航空航天局为印度提供了深空通信支持。

经过 11 个月，在太空飞行 7.8 亿千米后，曼加里安号终于在 2014 年 9 月 24 日顺利进入环绕火星的大椭圆轨道。它没有足够的能力进入环绕火星的圆形轨道。

（图源：Nesnad）

曼加里安号构想图

在随后三年多的时间里，曼加里安号一直保持了良好的工作状态，不断延长任务时限，取得了显著成功。曼加里安号成功发布了火星全球地图和其他科研成果，虽然创新空间不大，但足以证明印度自主研发的航天器能够长期稳定工作。

印度成为人类历史上第四个成功探测火星，而且是唯一首次探测火星就取得成功的国家 / 地区。这次任务更是亚洲国家在火星探测领域取得的首次成功。这次任务的成功让人震惊，也说明人类对火星的探测已经进入了新的阶段，以欧洲、印度、日本、中国为代表的第二梯队正在迅速跟进。

火星表面的人类使者

天上宫阙，地下人间。当几个主要航天大国在火星轨道上角逐的时候，火星地面依然是最为吸引人的所在，毕竟人类最终目的是在火星地表建立大型基地，甚至全面改造火星。为人类完成打前站使命的，就是那些在 21 世纪成功在火星表面登陆的着陆器和火星车。在火星着陆方面，欧洲两次挑战均以失败告终，这个领域目前依然是美国的天下。

鼓足勇气，抓住机遇！

相比只能定点着陆的着陆器，火星车能够移动，这就足以说明它们的价值。旅居者号早在 1997 年就成为人类第一辆火星车，但实在太小，仅 10 多千克，配备的仪器自然不可能有复杂的功能，仅仅工作几十天就宣告结束任务。人类迫切需要一个复杂的、多功能的火星车登陆火星。

在这种需求下，美国航空航天局正式立项了火星探测漫游者（Mars Exploration Rover，MER）项目。这个项目包括两个重量为 185 千克的火星车，MER-A 和 MER-B，二者完全相同，互为备份。它们分别在 2003 年 6 月 10 日和 7 月 7 日顺利升空，前往火星，在次年 1 月先后抵达。

（图源：NASA）

勇气号（左）和机遇号（右）在进行发射

前文讲过，美国航空航天局和世界主要科研机构都意识到了公众参与和普及科学知识的重要性，这两辆火星车继续采取了向小学生征文的方式为它们命名。最终，年仅 9 岁的小学三年级学生索菲·克里斯获得此次征文大赛的桂冠，她最经典的一句话也成为两辆火星车名字的来源：

我先前住在孤儿院，黑暗、阴冷、孤独。每当夜幕降临，我总是仰望天空中的繁星，以排解忧伤，梦想自己有一天能飞上太空。在美国，我的梦想终于可以成真了，谢谢你给我的“勇气”和“机遇”。

（I used to live in an orphanage. It was dark and cold and lonely. At night, I looked up at the sparkly sky and felt better. I dreamed I could fly there. In America, I can make all my dreams come true. Thank you for the “Spirit” and the “Opportunity”.）

（图源：NASA）

勇气号/机遇号火星车

这对双胞胎兄弟火星车最终被命名为“勇气号”（MER-A）和“机遇号”（MER-B）。实际上，它们还有两个堂兄弟留在地球上用来测试。其中一个和它们几乎一模一样，被用来测试每个仪器的工作状况。如果火星上的火星车出现故障，可利用它在地球上进行模拟，来排查问题。另一个轻一些，几乎没有仪器，仅用来模拟火星重力对机体结构的影响。这是来自火星探路者任务的经验——在地球上通过备份体查找本体在火星上遇到的问题。

为能够移动，勇气号和机遇号火星车必须安装额外的动力系统、成像和导航系统等。这些设备在定点着陆任务中是次要的，对于火星车却必不可少。火星车动力主要来自两块太阳能电池板，采用当时最先进的多结太阳能电池，可以吸收并利用阳光各个光谱中的能量。但是，火星表面的太阳能远不如地球丰富，而且大气中布满沙尘。在最好的状态下，太阳能每天仅能提供 900 瓦特 • 小时的能量，不到一度电，而电池的工作效率在每天平均半度电的水平。

当火星爆发沙尘暴时，电池一天的产能就骤降为 100 瓦特 • 小时，火星车必须进入休眠状态。要知道，即便天气最好时电池产出的 900 瓦特 • 小时能量，也仅能让普通热水器工作半小时，只能维持一个 40 瓦特功率的白炽灯泡亮一天。为充分利用能量，度过没有能量来源的夜晚，火星车还背了两个 7 千克重的锂电池，用来储能。

这两辆火星车是高 1.5 米、宽 2.3 米、长 1.6 米，有 6 个轮子的庞然大物，还要完成复杂的通信和探测工作，这点电力就显得很有限了。跟大家想象的火星车在火星表面驰骋的场景完全不同，两辆火星车的真实运动速度是以厘米 / 秒来计算的，它俩“飙车”的极限速度仅为 5 厘米 / 秒，而平均速度仅 1 厘米 / 秒。它们具有自我防护系统，每前进 10 秒就停下来用 20 秒检查地形，以避免风险。所以，火星车花 10 秒钟往前走大约人的一只手掌的长度，然后停下来喘息 20 秒钟，就这样周而复始。

人类目前在太空最快的“飙车”纪录是阿波罗 17 号宇航员尤金 • 赛尔南在 1972 年驾驶月球车创造的 500 厘米 / 秒（5 米 / 秒）的记录。相比而言，勇气号和机遇号就是在“龟速”前进。

火星车还必须携带大量图像拍照系统，以辅助导航和自我判断轨迹，毕竟火星上没有人帮它们指路。因此，它们都配备了全景相机和导航相机，安装在 1.5 米高的头部，车身上还安装了四个避险相机，以了解前后左右情况，避免危险。没有办法，毕竟这是极其精密的、造价高达 4 亿美元的火星车。经过大致计算，火星车平均每克的价值接近 1.5 万元人民币，这比一辆用纯金做的车贵很多了。

不仅如此，火星车无法直接与地球通信，需要借助已有的火星轨道探测器帮助它们转发和传递信号，如奥德赛号、全球勘探者号等。那些飞行在火星轨道上的轨道器的重要使命之一便是为火星车服务。

在解决动力、导航和通信等问题后，最重要的就是科研了。虽然能量有限，两辆火星车依然配备了非常先进的高度集成化的科研仪器，它们基本被安装在火星车前部伸出的机械“手臂”上面。这也是无奈之举，因为火星车底部是动力和结构系统，

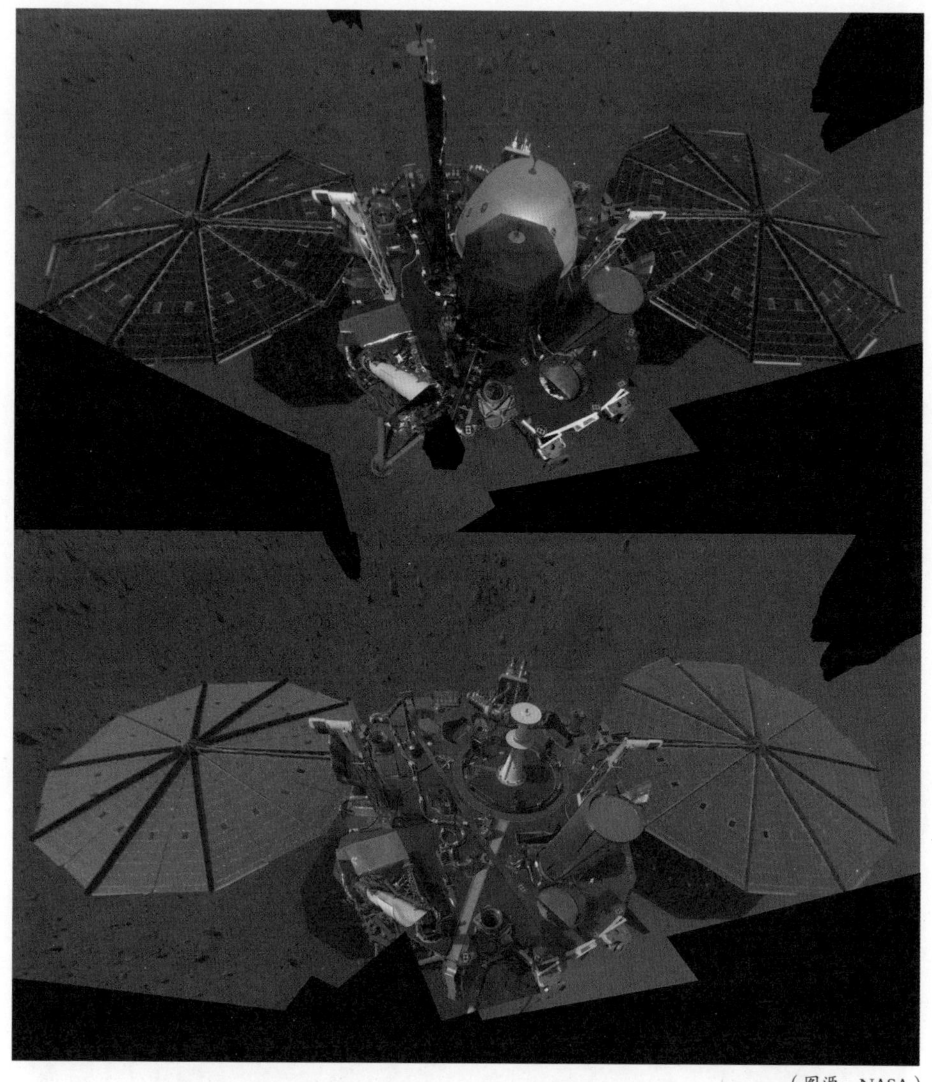

（图源：NASA）

2018 年登陆火星的洞察号（实际自拍）刚登陆火星时的模样（上）和两个月后的模样（下）截然不同

背部盖满太阳能电池板，侧面又有轮子和防护系统，所以只能把仪器向“手臂”和“头部”集中。其中，火星车“手臂”上有穆斯堡尔谱仪、阿尔法粒子 X 射线光谱仪、磁体仪这种能够详细解读岩石和土壤化学成分的仪器，“头部”有热辐射光谱仪和显微成像仪这种能够从远处和近处观察土壤结构图像的设备。为进行研究，火星车还需要一个研磨工具，将岩石粉碎。在使用仪器时，火星车需要停下来，将大部分能量集中在机械臂上，机械臂把带有仪器的前端缓缓放到要研究的地方。

这里有一个生产制造方面的小细节。在勇气号和机遇号出发前往火星前，2001年9月11日，美国遭遇了历史上最严重的恐怖袭击，纽约的标志性建筑——世贸大厦轰然倒塌。这次恐怖袭击造成近3000人殒命，相当一部分死者是参与救援的消防员，给美国造成了巨大损失，也给全世界带来了深深的恐惧。全世界进入哀悼气氛之中，这两个探测器也不例外。正如火星车的名字那样，人类要越挫越勇。科学家利用清理世贸大厦废墟找到的金属材料制作了一个特殊的线缆保护罩，用来保

（图源：NASA）

带有美国国旗图案的保护罩

护岩石粉碎工具。科学家用这种方式表达对恐怖袭击事件遇难者的哀悼。

此外，正像此前每个火星着陆器的着陆地点成为纪念碑一样，它们的着陆地点也成了纪念碑。勇气号的着陆地点被叫作“哥伦比亚纪念碑”，纪念 2003 年 2 月 1 日哥伦比亚号航天飞机返回地球时遭到解体的灾难；机遇号的着陆地点被叫作“挑战者纪念碑”，用以纪念 1986 年 1 月 28 日挑战者号航天飞机在起飞时发生爆炸的灾难。在这两个载入人类史册的航天灾难中，分别有 7 名宇航员殒命，成为历史之最。

按照计划，两辆火星车采用和探路者号相同的反推火箭和气囊保护结合的着陆方式。勇气号在古瑟夫陨石撞击坑着陆，这个 170 千米宽的超级撞击坑隐藏着火星土壤的深层秘密；机遇号在子午线高原着陆，这里曾经被发现存在大量赤铁矿结晶，意味着远古时代这里曾是巨大的海洋或湖泊。

（图源：NASA）

在降落期间，火星车像压缩积木一样躲在气囊中。在成功降落后，气囊打开，火星车慢慢“充气”变成应有的样子

在抵达火星后，两个小家伙果然不负众望，为人类带来了海量的科研成果。它们详细分析了火星土壤成分。按体积而言，地球土壤中 50% 是水和空气，5% 是有机物，45% 是矿物质和金属；火星土壤中仅有 2% 是水和空气，余下的 98% 都是矿物质和金属。水分含量低，土壤中没有有机物存在的证据，都说明火星表面不存在生命。此外，在火星土壤中还首次发现了镍和锌元素，二者应该来自火星深层内核。这个发现意味着火星表面的土壤绝大部分来自火山喷发，是亿万年前剧烈地质活动的产物。

勇气号曾经对一块火星岩石进行过“深层次”研究，它钻了一个直径 4.5 厘米、深 0.5 厘米的洞，几乎与婴儿手掌一般大。看似轻松，其实很不容易，这是它一动不动钻了两小时的结果。对石头的基本结构进行分析后，科学家认为有水的参与才会形成上面的微型纹理和孔洞。

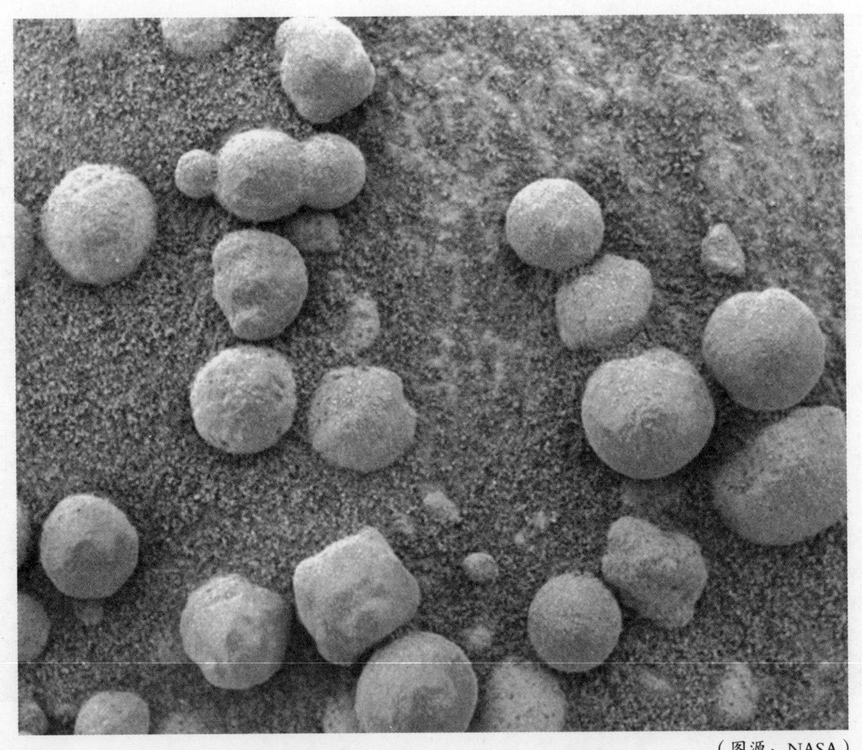

（图源：NASA）

机遇号发现的像“蓝莓”一样的赤铁矿结晶

勇气号的兄弟机遇号详细研究了大量类似地球上的玄武岩的岩石，其表面覆盖多层不同的物质结构。它还去了一个富含黏土的山丘，以及一个远古湖泊的底部，在那里发现了包括赤铁矿水合物（一种铁锈）在内的含水矿物质。它还撞击坑底，观测到了水流淌的痕迹，这意味着火星过去，甚至今天在地下依然可能存在液态水。机遇号比较幸运地遇到了一个来自太空的礼物——一颗由铁、镍构成的陨石。这也是人类首次在其他星球找到陨石。

这些成果基本印证了火星在远古时期拥有温暖潮湿环境的猜想。不过，在研究化学成分后，科学家得出结论：这里的海洋和湖泊并不像地球上的水体一样温和，绝大部分水体呈现强酸性，并不适合绝大部分地球生物生存。但是，这毕竟是一定时期内的改变积累的结果，又经过了数亿乃至数十亿年的“沧海桑田”的变迁。科学家目前还无法推测出它们最初的样子。

两辆火星车的原计划工作时间都是 90 天左右，科学家认为 90 天之后火星空气中的沙尘就会覆盖满太阳能电池板，导致其无法继续工作，最终像探路者号一样长眠。令人意外的是，火星上的大风帮了忙，吹去了太阳能电池板表面的尘土，让它重新在阳光照射下获得新生。在 2007 年巨大的火星沙尘暴中，99% 的阳光被沙尘遮蔽了数月，导致这两个兄弟险些遭难，而它们以休眠方式在比地球风速快数倍的恶劣环境中幸存下来，获得了新生。

（图源：NASA）

勇气号传回地球的最后一张照片，这里就是它长眠的地方

勇气号一直坚持到2011年3月22日才结束任务。此前，它在2009年就已经陷到软土中无法动弹。它在那个坑里坚持工作了两年之久，直到失联，那里也成了它的墓地。机遇号的情况好很多，它曾经陷进一片碎石沙地中，后来依靠地球上两个堂兄弟的各种模拟演练，在一个半月后脱险，那里因此被重新命名为“地狱沙丘”。从此之后，它更加小心了，同时也在慢慢老去。在生命的最后阶段，它的计算机每天都会不断重启，工作一段时间就会自动清空存储数据。它犹如暮年的老人一样患上了“痴呆”和“失忆”症，让人感到惋惜。

（图源：NASA）

机遇号拍下的火星，这恰好应了美国宇航员奥尔德林登上月球时说的话

——“华丽的荒凉”

勇气号和机遇号移动速度极慢，但超长的服役时间却使它们成了最优秀的火星车。勇气号共计工作 2269 天，机遇号工作了 5498 天。机遇号以平均 1 厘米 / 秒的速度运动，创造了纪录，已经在火星表面行进了 45.16 千米，早已超过苏联在 1973 年发射的月球车 2 号在月球表面创造的 39 千米的纪录。机遇号好比龟兔赛跑里的乌龟，虽然速度慢，但坚持到了最后的胜利。

（图源：NASA）

机遇号在 2018 年失联前的最后一张自拍照，纪念工作 5000 天，这也是它的绝唱

风云难测，2018 年，火星又出现了席卷全球的巨大沙尘暴。由于能源问题，机遇号再次陷入沉睡。在年底沙尘暴消退后，美国航空航天局多次尝试联系机遇号。2019 年 2 月 13 日，美国航空航天局在与失联的机遇号联系 800 余次未果后，最终宣布结束任务。机遇号实在太老了，无法再像年轻时（2007）一样灾后重生。这一任务原计划 90 天，最后竟持续了 15 年，终于华丽谢幕。

长眠在火星上的火星车，已经成了人类文明的新地标。

凤凰号：涅槃重生的极地使者

1999年12月3日，圣诞节前夕，已经在深空跋涉了11个月的火星极地登陆者号在距离火星地表仅40米时失控坠毁。这是美国航空航天局历史上无比巨大的遗憾之一。极地登陆者的使命是回答一系列重要问题：如果火星上有水，水最有可能在哪里？如果火星有地下水，地下水会有多少？如果火星被确认有地下水，那里有没有可能拥有生命？

在这种前提下，着陆地点就很明确了——火星南极或北极附近。这里靠近巨大的冰盖，根据奥德赛号、火星快车和MAVEN的多年探测结论，这两个地方蕴藏大量水冰，总体积不亚于地球上格陵兰岛的水冰体积，换成淡水后足以维持数亿人长期生存。既然这里有足够的冰盖，也意味着地下一定富含水分。

火星极地登陆者号的目标是火星南极，最后任务不幸失败。火星南极冰冠很厚，在理论上水资源更丰富，但地形更加复杂。下一个勘探极地任务的主角是凤凰号，它的着陆目标换成了更加平整和空旷的火星北极，而且配备了更多先进探测仪器。“Phoenix”在西方文化中是一种不死鸟的名字，它总能浴火重生，越挫越勇。这和中国的瑞鸟凤凰能够涅槃重生类似，因而中文将其翻译为“凤凰”。

2007年8月4日，凤凰号在美国卡纳尔维拉尔角迎风而起，飞向火星，在经过10个月的长途飞行后，在次年5月25日进入火星着陆轨道。勇气号和机遇号用气囊保护弹跳降落到火星，而凤凰号用发动机喷射高速气流反推着陆，这是早期的火星着陆器采用过的方式。然而，上次的极地登陆者号失败了，这次任务给科学家带来的压力可想而知。

在降落阶段，凤凰号要经历7分钟恐怖时间：在这么短的时间内，它要经历火星大气对隔热层的疯狂摩擦、打开降落伞的巨大冲击和最后阶段的发动机制动，任何细节问题都可能导致任务失败。美国航空航天局表示，即便做了万全的准备，这次任务的成功率依然只有50%，要做好类似极地登陆者号失败那样的准备。

（图源：NASA）

即将成功登陆火星北极的凤凰号想象图

因失败积累的经验和教训终于有了回报，凤凰号最终成功降落于火星北极附近的绿谷。这是个宽 50 千米，深度仅 250 米左右的小峡谷，极有可能有水冰的痕迹，而且地面平整，降低了任务失败的可能性。

除携带相机和通信等设备之外，凤凰号还有一个更先进的机械臂。这个机械臂可以挖掘坚硬的冻土层，深达 0.5 米。着陆器配备了先进的电化学与传导性显微镜分析仪、热量与气体分析仪、表面立体成像仪和一个小型气象站，用以研究火星北极天气。因此，凤凰号可以对土壤样品进行全方位分析，从土壤基本结构到可能释放出的气体（如水蒸气）等。

不出意外，凤凰号取得了巨大的成功。凤凰号最重要的一个成果，就是直接证明了火星地下水冰的存在：它的机械臂在火星地下浅层挖出了几块白色物质，发现其中含有水冰，在后续几天逐渐挥发。根据当时的气候条件来看，它们的主要成分不太可能是干冰。用土壤分析仪进行分析，科学家发现这些冻土在加热时释放出水蒸气和二氧化碳。这证明在火星南北极的极盖中存在大量水冰和干冰，两极冻土地带也可能有"巨量"水冰和干冰储备。凤凰号观测到北极上空下"雪"。不过，这种雪极有可能是干冰，还没降落到地面便消失了。那里也有云，云层的运动速度极快，远不同于地球上"云卷云舒"的现象。

土壤分析仪的分析结果证明，凤凰号降落点的土壤呈现一定碱性，存在大量钠、钾、镁和氯元素，形成碱和盐。这也能辅助推断，这里曾经可能是有大量液体的海洋或湖泊。这里还有一定量的高氯酸盐，这种高氯酸盐是强氧化剂，可以通过简单加热释放氧气，未来可以作为火星基地重要的"矿藏"。

不同于火星车，凤凰号只是一个着陆器，并不能够移动。它的能量来源是两个花瓣一样美丽的太阳能电池板。凤凰号降落的地点在火星北极附近，在北半球的冬季，这里将迎来长期的黑暗，它将失去能量而逐渐被"冰封"。因此，原计划在火星上工作 90 天的凤凰号的寿命不可能大幅度超出人类预期。这不是由硬件水平决定的，而是受恶劣环境的影响。

凤凰号拼尽全力，在工作 157 天后寿终正寝。根据它的观察，火星北极环境极其恶劣，那里的平均风速超过了 100 米 / 秒，是地球上 12 级风的三倍。那里晚上气温低至零下 100 摄氏度，极其寒冷。凤凰号的绝大部分仪器依然有工作能力，但缺乏能量。在第二个火星年夏天的时候，美国航空航天局的科学家尝试唤醒凤凰号，让它起死回生，但最终没有成功。

后来，火星侦察轨道器的高清相机拍摄到了凤凰号，发现它的两块太阳能电池板在北极寒风中遭到严重损毁。当温度骤降时，空气中的二氧化碳可能凝结成干冰，那些被凤凰号拍到的雪花并没有在空中融化或升华，雪花可能落在它身上将其压垮。凤凰号没有能够涅槃重生，最终长眠在二氧化碳"暴风雪"中。

在凤凰号飞向火星之前，美国航空航天局准备了一个记录百万人签名、关于火星的文艺作品和世界著名科学家发给火星的短信等信息的光盘，这张光盘现在和凤凰号一起留在火星北极。工程师和科学家们还为凤凰号准备了一个神秘的时间囊，希望在人类（探测器）重返绿谷时，能够将它唤醒。

（图源：NASA）

在凤凰号降落后的自拍照中能够看到探测器表面有一张光盘和时间囊。人类是否能够让这只凤凰涅槃重生呢

好奇号：人类历史上最贵的车

勇气号、机遇号和凤凰号的巨大成功极大地鼓舞了探测火星的科学家，人们开始迫不及待地寻找更多关于火星的秘密。几乎在勇气号和机遇号成功着陆的同一时期，美国航空航天局开始了下一代火星车的研究。毫无疑问，这辆火星车是历史上最先进的一位人类火星使者。由于民众高涨的热情和政府的支持，美国航空航天局史无前例地投入巨资，用于火星车的研发。投入金额达到了惊人的 25 亿美元，足够买下 40 吨黄金！这些钱最后被用于一辆 899 千克重的火星车上，它因此当之无愧地成为世界上最贵的一辆车。

2008年，美国航空航天局再次举办小学生为火星车命名大赛，选出9个候选名字后在网上公开投票。小学六年级的华裔小女孩马天琪（Clara Ma）起的“好奇号”最终获胜。好奇号的着陆地点后来被叫作“雷·布莱德利纪念碑”，用来纪念这位著名的美国科幻作家。

2011年11月26日，好奇号被包装进一个3.8吨重的组合体中，从地球出发。为让这辆巨大的火星车成功降落，科学家开发出了空中吊车技术。这是人类现今掌握的航天技术里极具科幻色彩的技术之一，本书将在后续章节详细介绍。次年8月6日，好奇号在盖尔撞击坑着陆，这是一个直径154千米，至少存在了35亿年的撞击坑。这里极有可能保有火星早期环境，有山丘、湖泊遗迹等，足够好奇号大展拳脚。

相比两位小“前辈”，好奇号有了大幅改进。勇气号、机遇号、凤凰号都以太阳能为能量来源，极易受到太阳光照变化和火星沙尘暴的影响，而且能量有限，无法支持更多的复杂先进的设备，碰到寒冷的夜晚毫无办法。好奇号采用了多任务放射性同位素发电机技术，类似维京号用过的核电池，不过有大幅改进，利用4.8千克钚-238放射性同位素不断衰变产生的热量来发电。这种新型核电池有一个很大的优点：能量密度高，重量小，每天可以产生2.5千瓦时电能，大约是勇气号和机遇号的5倍多，其残余热量还可以给内部设备保温，可谓一举多得。此外，这种核电池的半衰期很长，达到88年，在火星车大部分器件寿命到期后依然能够提供稳定而足够的能量，不会受外界环境影响。因此，好奇号不在乎白天和黑夜、极寒和极热天气，不用像勇气号和机遇号那样经常休眠，更不用像凤凰号一样在寒风中永远长眠。

好奇号的体积也大大增加，有2.9米长、2.7米宽、2.2米高，是勇气号和机遇号体积的2倍多，是它们重量的5倍。这意味着它能够配备更多设备，而且机动能力大幅增加：在极限情况下，它甚至可以跨越0.6米高的巨石。这会让曾经被困在（由数厘米大小石块组成的）“地狱沙丘”的机遇号艳羡不已。那片沙丘险些让机遇号“丧命”，在好奇号面前却是一片坦途。因此，好奇号能够勘察更加复杂的地形，远远胜过前辈。不过，好奇号运动速度的上限依然是2.5厘米/秒，平均速度是1厘米/秒，和勇气号或机遇号相当。这是因为它的重量更大，耗电量巨大。对于重点在于科研的火星车而言，单纯追求机动性是毫无意义的。好奇号的一个无法取代的优势是：

（图源：NASA）

好奇号自拍照，用安装在机械臂上的相机完成。该图由多张照片后期拼接处理而来，机械臂已经被去掉，并没有呈现出来

（图源：NASA）

三个时代的火星车面对同一块石头

如果人们愿意，它可以一直前进，无论白天和黑夜，毕竟它的能源不依赖太阳能。

好奇号并不需要背着巨大的太阳能电池板，仪器设备有很大的安装自由度，更重要的是彻底解放了 2.1 米长的机械臂，不必把大部分设备集中在上面。此前的勇气号和机遇号受限于巨大的太阳能电池板，背上除重要的通信天线外几乎什么都不能安装，只能把核心设备往机械臂上放。

因此，好奇号的机械臂功能相对简单，主要功能是观测、粉碎、凿洞和取样，更细致的分析工作由其他设备完成。它的机械臂主要安装了一个 X 射线光谱仪和透镜成像仪，对样本进行分析，甚至可以看清 10 微米左右的细节。要知道，人的头发直径还有约 80 微米！好奇号机械臂还安装有冲击钻、刷子和铲子，方便打孔、粉碎和取样，可谓能者多劳。

好奇号配备的仪器几乎是当时航天技术的高度集合。除先进的主相机、导航相机和避险相机外，它还配备了一个名为相机的复杂化学相机单元。这是一套融合激

（图源：NASA）

好奇号顶部的激光诱导击穿器极具科幻色彩

光诱导击穿器和远程显微镜的顶级设备，大大增强了好奇号的探测能力。在工作中，好奇号只要对准一块研究区域，激光器可以在 7 米之外发射超高频率的激光脉冲，将岩石完全气化成等离子体。与此同时，远程显微镜可以实现从红外线到紫外线之间 6000 多个波段的全面化学分析，岩石成分一览无余。激光从好奇号顶部的“眼睛”（镜头）发射出去，这一幕极像科幻电影里外星机器人和飞船发射毁灭激光的场景：所到之处生命全无，物质瞬间蒸发。不过，对好奇号而言，它的目的不是破坏，而是进行科学研究。这套系统耗能巨大，只有在碰到重要的研究对象时才会使用。

好奇号还配备了一个阿尔法粒子 X 射线分光仪，利用阿尔法射线照射样本并用 X 射线光谱成像，可以迅速获得样本的细致成分。任何物质都难逃好奇号法眼，其精度远远高于此前配备同类设备的火星车和探测器。好奇号还装备有化学和矿物学分析仪，可以对微观结构、矿物晶体结构和元素详细比例等进行研究。

好奇号配备的动态中子反照率设备，可以向地面照射中子，以此来分析以中子与氢原子核为主的能量反应，推断地下氢元素和其他元素是否存在及其所占比例。这对于探寻地下水来说非常有效：在不需要挖出深层土壤的情况下，这个设备就可以探测到地下数米仅有 0.1% 含量的水分子存在。当然，好奇号还有小型气象站，用以获取火星气候和空气等方面的情况。

（图源：NASA）

美国航空航天局的工作人员在好奇号轮胎上偷偷留下了 JPL 的摩尔斯码（左），还在相机校正板上放了一美分硬币（右）

美国航空航天局的工作人员也在尽一切可能为自己“谋福利”。除将常规签名等存进好奇号内存之外（这已经是天大的荣誉了），它的主要制造商，美国航空航天局的下属机构喷气推进实验室（JPL）更想在 6 个直径 50 厘米的轮子上做“广告”。该机构设计的第一版轮胎有其英语缩写 JPL 花纹，这样好奇号每走一圈就会在火星上印出 JPL 字样，好不拉风！这个方案被官方否定了，毕竟还要考虑其他承包商（如波音和洛克希德 - 马丁）的感受。在后来的第二版轮胎中，工作人员偷偷把代表 JPL 的摩尔斯码加在上面。轮胎花纹看起来没有什么特殊，只是简单的圆圈和方块，实际印出的痕迹还是 JPL（摩尔斯码）。当官方意识到这个问题时，为时已晚，只得默认了这种“藏私货”的行为。不过，这样做也很必要，轮胎必须有明确的可识别的标记，方便观察轨迹，以判断轮胎的运动情况。

与此同时，负责机械臂透镜成像仪的技术团队也动了个心眼，这个设备在成像时必须参考一个校正板，将某种颜色、大小和形状等作为基准参照物。他们最后选择了一枚一美分硬币，这是为庆祝林肯诞辰一百周年美国在 1909 年发行的硬币，也是美国历史上使用时间最长，币值最小的货币。从技术上讲，硬币没有任何优势，还不如一个标准的校正图，但大家觉得硬币无伤大雅，便同意了。这样做，第一向伟大的美国总统致敬，第二向纳税人和政府表示感谢，第三还可以为好奇号准备好“买路钱”。按照好奇号 25 亿美元的造价与 899 千克的重量计算，这枚 2.5 克重的 1 美分硬币的价值已经达到了惊人的 6952 美元，是其本身币值的近 70 万倍！

基于先进的技术和设备，好奇号火星车果然出手不凡。它研究了古老的河床，发现大量非常圆滑的砾石，这与地球上的情况相同：砾石经过长期的水流冲刷打磨。中子反照率设备发现地下含有至少 2% 的水分。盖尔撞击坑靠近火星赤道，从理论上讲，水分含量应该远不如南极和北极。好奇号这个发现无疑大大充实了先前的火星研究结论，证明火星土壤中残余水分含量并不低，且分布广泛，以人类现有技术完全可以提取出来。

好奇号还尝试将土壤加热到 800 摄氏度以上，在热裂解产物中发现了硫化物和甲烷等物质，这极有可能是生命痕迹。它的激光与远程显微设备也多次验证火星表面有含碳和硫的潜在有机物存在；在加热含有高氯酸盐的土壤时出现了氯化甲烷，这是一种标准的有机物。不过，好奇号的设备是在极高温的环境下进行研究，或许某些有机物成分已经被高温破坏，但这些发现依然鼓舞了人类。

在路过湖泊底部时，好奇号的激光光谱仪竟然在两个月内检测到了空气和土壤中的甲烷含量暴增，这个密度变化是人类不可能察觉的。一段时间后，这里的甲烷含量又慢慢降低。这是不是地底有生物迹象的征兆？还是地质活动或温度变化导致的甲烷释放？因为它们都有可能导致火星表面出现短期的甲烷含量变化。好奇号对深层地底无能为力，只能悻悻离开。从长期来看，火星大气中的甲烷呈现出季节性变化。未来更进一步的研究需要后续探测器来实现，或者采样送回地球，甚至人类登陆火星去研究。

好奇号原计划服役两年，它果然超出预期，继续服役，核电池可以支持它长期工作下去。美国航空航天局已经宣布将这个任务无限期延长。与此同时，好奇号的

（图源：NASA）

好奇号可以精细分析火星岩石和土壤样本

升级任务“火星 2020”也在准备中。新一代火星车比好奇号具有更多的、更复杂的功能，相信能够极大增加人类对火星的理解。

好奇号目前还在继续工作，其未来的发现也许会再次让世人惊叹。

洞察号：触碰“内心”

此前的各种火星轨道器、着陆器、火星车全方位探测了火星大气、重力场、地质、磁场和土壤等方面，成果非常丰富。但是，它们无法深入火星地下。苏联和美国的撞击器都失败了，有关这方面的研究还是一片空白。为探测火星内部地质情况，2018 年 5 月 5 日，一枚宇宙神 5-401 火箭从美国范德堡空军基地成功发射，它携带的洞察号火星着陆器是本次任务的绝对主角。这也是这个窗口期唯一的火星探测任务。2018 年 11 月 26 日，洞察号用降落伞和火箭反推方式成功降落在火星表面。它配备了最先进的火星地震仪和热流侦测器，能够深入探测火星内部情况。

火星地震仪将感受火星内部一丝一毫的震动。火星内部地质运动、陨石撞击、火卫一的潮汐引力都可以被精确感知到。洞察号还配备了火星自转及结构探测仪，实时监控火星自转速度和自转轴的变化，辅助了解火星内部结构。它还有机械臂，负责把仪器从探测器平台吊到火星表面。此外，它还有相机和小型气象站等设备。

热流侦测器需要通过独特的打井方式在数月时间内像小甲虫一样不断往下挖，最终钻下火星地面 5 米左右。在它的钻头和数米长的连接带上，分布着精密传感器。在未来一段时间内，它们的主要工作是揭开火星内部热流的神秘面纱。这些热流可能来自火星内部放射性衰变、地幔层热量对流、地表吸收太阳辐射、火星内部各层热传导，以及潮汐力引起的微弱摩擦等。这项研究对于了解火星演化过程和未来发展趋势大有裨益。

本次任务实现了人类火星探测史上的另一个重大突破——微卫星参与。此前所有火星探测任务，无一不是消耗大量资源、投入高额资金的任务，而且只能发射一个大型航天器。苏联和俄罗斯动辄就发射大家伙，一旦失败就损失巨大。这次跟随洞察者号一同前往火星的有一对微卫星，仅有不到 10 千克的重量。它们并不简单，是人类历史上首批用于火星探测乃至深空探测的微卫星。

（图源：NASA）

洞察号将深入“火星内心”，研究那里深藏的秘密

两颗微卫星分别叫作“瓦力”和“伊娃”。瓦力和伊娃是 2008 年的著名科幻电影《机器人总动员》（WALL-E）中的“男”主角和“女”主角，实际上是两个小型机器人。在剧情中，瓦力成了被抛弃在地球上的垃圾清理机器人，不知不觉就成为全世界最后一台。伊娃的出现给他带来了希望，他们共同体验了充满奇幻的经历。这两个小型火星探测器也是如此，它们结伴而行，飞往茫茫太空。

两颗微卫星是下一代深空通信技术的验证者。它们体量较小，没有复杂的变轨能力，无法进入环绕火星轨道，只能像水手 4 号一样快速飞掠。它们在洞察号降落火星的过程中向地球进行直播，唯一的问题就是因为距离遥远而产生延迟。

（图源：NASA）

“瓦力”和“伊娃”成功对洞察号着陆火星的过程进行了直播

传统着陆器在着陆期间记录数据，然后将数据压缩储存，等待轨道器飞抵上空后上传数据，再由后者发回地球。这种方式普遍要延迟数小时甚至更长时间，而数据“实时”进行传输，是未来星际探索活动必备的通信技术。此外，两颗微卫星还验证了新频段通信技术。在洞察号着陆火星时，人类几乎在“第一时间”得知它所有的着陆和工作情况。

在完成任务后，瓦力和伊娃在火星引力作用下，飘向了宇宙深处。2019 年 2 月，人类彻底失去了与它们的联系，两个小家伙不知身在何处。

洞察号和两个小“机器人”具备的黑科技价值不菲。洞察号是基于 2007 年凤凰号火星着陆器发展而来的，大大减少了研发费用，但加上后续新设备的研发费用和火箭发射费用，它的总造价还是高达 8.3 亿美元，不由得让人咂舌。

（图源：NASA）

微卫星伊娃拍到的火星

美国航空航天局没有浪费这个千载难逢的科普机会，在洞察号出发前举办了轰轰烈烈的“征名”活动。美国航空航天局宣布在洞察号的芯片储存区留出一个空间给愿意“前往”火星的人：你可以注册自己的名字。在洞察号任务第一次延期后，美国航空航天局又进行征名，最终收集了超过 240 万个名字。这些名字被写入洞察号的储存器里，跟随它一起飞向火星，永远留在了那里。

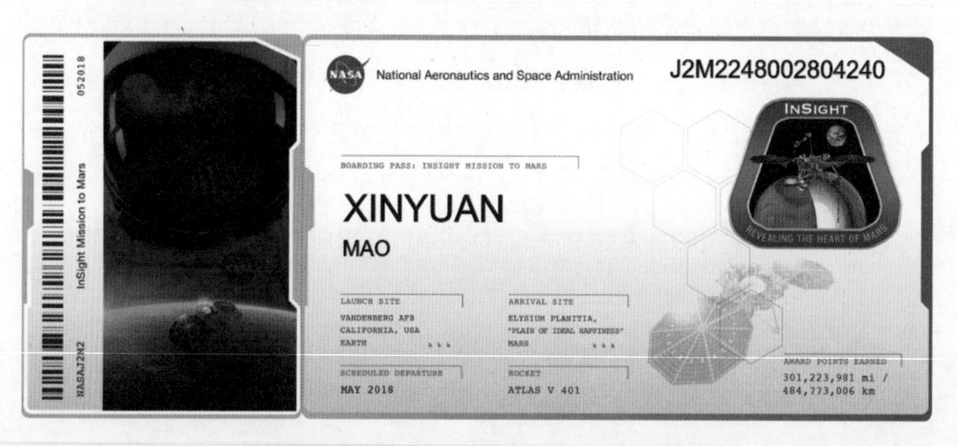

这是笔者的“船票”，你也在这艘“飞船”上吗

出发地：	地球，美国，加利福尼亚州，范德堡空军基地
时　间：	2018 年 5 月 5 日
目的地：	火星，埃律西昂平原（最快乐的平原）
行　程：	484773006 千米

“洞察号船票”主要信息

现在，洞察号已经初步开始工作，我们静静等待它为我们传回火星火热的内心“情话”。

俄罗斯梦魇未醒，中国痛失“萤火”

进入 21 世纪的俄罗斯，受到苏联解体的巨大冲击，实力下降不少，但在航天领域依然是综合实力唯一可以和美国抗衡的国家。在火星探测方面，俄罗斯不甘心就此落魄。2011 年，俄罗斯计划了一个创造人类深空探测新纪录的项目——福波斯-土壤号。想必大家有了心理预期：它又是一个功能超多的巨无霸？

是的，这个探测器重达 13.5 吨，超越之前创下纪录的“火星 96”探测器的 6.2 吨一倍还多。推进系统大约 11 吨重，被分成四个部分，这暗示它的任务复杂得可以让人惊掉下巴：福波斯-土壤号进入火星轨道，释放中国首个火星探测器萤火 1 号。随后，它变轨前往火卫一，在火卫一降落，采集大约 200 克样本后返回地球。

这是一个多载荷（两个国家的复杂探测器）、长周期的探测行星及其卫星，登陆采样并返回的极其复杂的任务，其难度和意义可想而知。在人类航天史上，苏联和美国的探测器从月球，还有日本的探测器从小行星上分别采集样品并返回过地球。如果俄罗斯火星探测器能从火星的卫星上采集样品返回地球，必将打破各种纪录，创造人类航天的新传奇。按照苏联和俄罗斯的一贯风格，这个探测器依然配备了大量仪器，可以全方位分析火星大气、浅层地表、土壤、磁场等数据，对火卫一的研究也将实现重大突破，可谓雄心勃勃。

这种方案看起来很复杂，尤其是采样返回看似不可思议，但可行性还是远远大于着陆火星并返回的设想。火星有大气，表面重力接近地球的38%，探测器在降落过程中要与大气剧烈摩擦，而且需要克服超高速度，实现软着陆，降落难度大大增加。同时，火星表面的逃逸速度为5千米/秒，探测器返回时必须再次克服大气阻力，至少达到这个逃逸速度。在小小的火卫一上就不存在这个问题，因为火卫一处于真空状态，重力只有地球的万分之六，逃逸速度仅为11米/秒，甚至短跑天才尤塞恩•博尔特都可能一跃而起，“飞出”火卫一。火卫二的逃逸速度仅为5.6米/秒，普通人都可以逃离它！因此，对这次任务而言，在火卫一上降落和返回都有可行性。

（图源：Andrzej Mirecki）

福波斯－土壤号展示模型

经过前文介绍，大家或许已经有这样的感觉：苏联和俄罗斯的火星探测器的难度都大到不可思议，而最后难免失败。

的确，令人心痛无比。这个本可以创造伟大传奇的探测器，像苏联 / 俄罗斯 50 年内发射的其他火星探测器一样，再次失败了！

福波斯 - 土壤号在 2011 年 11 月 8 日乘坐巨大的天顶-2FG 火箭从拜科努尔发射场出发，10 多分钟后抵达近地轨道。它信心满满地准备变轨，前往火星，第一次变轨成功，第二次变轨无法实现目标。此时，探测器的太阳能帆板已经打开，与地面建立通信，但动力系统全无反应，无法挣脱近地轨道。探测器进入等待被地球大气拖回的状态。俄罗斯联邦航天局使出浑身解数拯救它，但最终宣告失败。

两个月后，2012 年 1 月 15 日，福波斯 - 土壤号再也无法抵抗地球引力，在大气中焚毁，残片坠入太平洋。和“火星 96”探测器一样，它没有离开地球便宣告任务失败。这次失败让俄罗斯渴望重振辉煌的梦想再次被击垮。事后查明失败原因，探测器芯片受到宇宙高能粒子冲击而失效，无法发出既定指令。这既是意外，也是硬件技术不过关的客观现实。俄罗斯探测火星的梦魇，还要继续下去吗？

福波斯 - 土壤号里藏着中国第一个火星探测器——萤火 1 号。它被寄予很大希望，用以探测数千年来中国人眼中荧荧如火的“荧惑”，也是继日本的火星探测器希望号后，亚洲第二个火星探测器，不过二者都失败了。2013 年，印度首次探测火星成功，成为第一个成功探测火星的亚洲国家。

萤火 1 号体积较小，长宽各 75 厘米、高 60 厘米，仅 115 千克。由于推进主要由福波斯 - 土壤号完成，它的 115 千克重量可以大部分用于有效载荷。萤火 1 号有两个总宽近 8 米的太阳能电池板，有磁强计、等离子体探测包、掩星接收机和光学成像仪等科学仪器，基本能实现对火星磁场、电离层、大气成分和地表地貌的研究。由于中国深空测控网络尚未建设完成，缺乏深空探测任务经验等原因，中国与俄罗斯合作，让萤火 1 号搭乘俄罗斯火箭和福波斯 - 土壤号前往火星。

中国人首次触碰荧惑的机会，就这么遗憾地消失了，但这不会是终点。

第六章

新时代大幕揭开

（图源：SpaceX）

苏联/俄罗斯在探测火星上屡败屡战，美国在经历大量失败后换来巨大成功，欧洲在探测火星时胜败参半，中国和日本首次探测遗憾失败，印度首次探测便大获成功，这些都代表着人类渴望征服火星的决心和信心。吸取教训，不忘初心，脚踏实地，方得始终。下一个十年马上到来，人类即将迎来探测火星历史上最繁忙的时代！

美国：继续拓展火星探测维度

目前只有美国实现了对火星的全方位研究，但这并不是终点，对火星的探测依然有拓展的空间。早在 2012 年 8 月 6 日好奇号火星车成功降落火星不久，美国航空航天局新一代火星车项目就正式立项，这就是“火星 2020”。“火星 2020”基于好奇号开发而来，有一定改进。顺利的话，它将在下一个火星探测窗口期出发。按照传统，在探测器发射前，美国航空航天局将举办小学生征文大赛，为这辆火星车命名。不知道哪位小朋友能够得到这个殊荣。

（图源：NASA）

“火星 2020”构想图

相比好奇号专注于分析火星土壤和岩石构成，“火星 2020”专注于寻找生命痕迹。它配备的 X 射线光化学荧光光谱仪可以更加精细地测定土壤和岩石的元素构成，新型地下雷达成像仪则可以探测地下 10 米以内的水冰和盐水含量，并辅助检测有机物含量。此外，在升级好奇号相关技术的基础上，它还有四个重大创新。

第一，它配备了一套火星制氧实验装置，这个装置可以将空气中的二氧化碳直接转化为氧气。对于未来载人登陆火星甚至建立大型基地来说，长期从地球运输补给很困难，而从火星空气和土壤中获取水分、甲烷、液氧、液氢等资源，无疑是最佳选择。氧气更是必需的，制备氧气对未来人类生存和火箭燃料来说，意义不言自明。这个设备重 15 千克，通过非常复杂的反应过程，可以将二氧化碳转变为氧气和一氧化碳，一氧化碳可以排出或进行利用。这个实验的目的是在 50 个火星日内保持每小时产出 10 克纯氧的速度。由于耗能较大，实际任务将根据情况调整，目前仅进行短期测试。如果“火星 2020”实验一切顺利，美国航空航天局将会在未来大规模生产这种装置，这对于未来火星探测而言是重大利好消息。

（图源：NASA）

火星直升机构想图

第二，它配备了一架“火星直升机”。火星大气密度和气压连地球的 1% 都不到，而“火星 2020”将在火星上释放一架仅重 1.8 千克的超强直升机。为了能够飞起来，这架直升机的旋翼需要具有地球同类直升机数倍以上的转速，每天仅有 3 分钟工作时间。直升机可以极大地拓展“火星 2020”的探测范围，每天飞行最大距离 600 米左右。这将是人类历史上首次将有翼飞行器送入其他星球的壮举。要知道，人类第一辆火星车旅居者号在几十天的工作时间内才爬行了 100 米左右，而这架直升机每天的工作里程是它的数倍！

第三，它可以采样“送回”地球。这辆火星车将收集火星土壤或岩石样本放到储存容器中，由后续的探测器发射小型火箭将样本送回地球。火星车功能强大，但不能和地球上的专业实验室相比。如果能够将样本带回地球研究，将更有价值。

第四，它配备了 23 台相机，堪称历史之最。除工程相机和避险相机外，还有能够实现彩色成像、三维成像、微距成像、发射紫外激光等一系列复杂功能的相机。

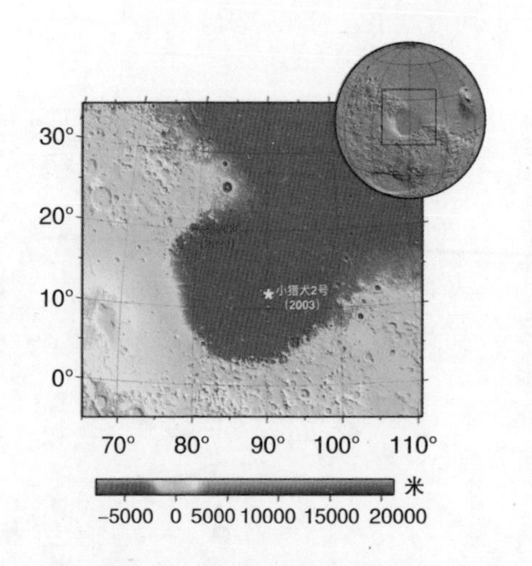

（图源：NASA）

“火星 2020”计划着陆地是杰泽罗撞击坑（左）；火星侦察轨道器拍到的杰泽罗撞击坑周围环境（右）

可以想象，“火星 2020”能够实现的功能将大大超越前辈好奇号。当然，它的重量也不小，预计达到 1 吨左右，甚至超越好奇号，成为人类历史上最重的火星车。这意味着，它将继续沿用并升级好奇号的空中吊车技术。在能量方面，“火星 2020”将继续沿用使用钚-238 的放射性同位素发电机，作为长期稳定的能量来源。

目前，“火星 2020”已经初步选定巨大的伊西底斯平原西北部的杰泽罗撞击坑作为探测地点。此前，欧洲的小猎犬 2 号曾经尝试在这个平原的中部登陆，不幸失败。杰泽罗撞击坑位于古代河流和湖泊的交会处，是一个巨大的扇形三角洲区域。

（图源：NASA）

用火箭将样本送回地球的火星探测器构想图

由于使用好奇号已有技术，“火星 2020”在建造成本方面有所降低。但是，由于增加新设备，其目前的预算已经高达 21 亿美元，逼近好奇号的 25 亿美元。它的预算最后有可能超越好奇号，成为人类历史上最昂贵的火星车。

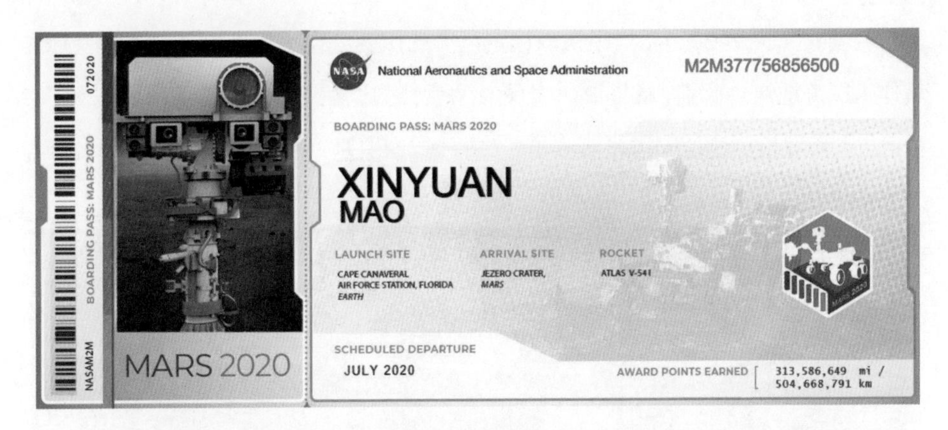

按照美国航空航天局的传统，大家可以申请跟随“火星 2020”前往火星的“船票”

“火星 2020”将会在工作期间收集一系列火星样品，将其封装起来。在后续计划中，美国航空航天局将会派出携带小型固体燃料火箭和小型火星车的定点着陆器。这个着陆器类似凤凰号和洞察号，能够简单进行探测，但主要被当作小型火箭发射平台，其携带的小型固体火箭有足够动力携带样本离开火星。最终方案目前并未确定，极有可能是在火星轨道进行一次交会对接，组合体变轨后进入返回地球的火地转移轨道。这可能意味着还有一个轨道器静候在火星上空，由此可见火星采样返回计划的复杂性。

在此前的探测活动中，日本隼鸟 1 号探测器曾经从小行星采样返回地球，隼鸟 2 号将再次挑战这一项目，目前进展顺利。美国冥王号探测器从小行星采样返回的任务也在进行中，目前进展顺利。从技术上讲，如果固体火箭能将火星样本送出火星，返回地球的成功率就会很大。

目前，美国新一代大型火箭“太空发射系统”和猎户座载人飞船的研制进入最后冲刺阶段，两个投入已达 400 亿美元的系统将在 2020 年首次合练。其中，太空发射系统最强大的版本将会超过传奇的土星 5 号，成为人类历史上的最强火箭。而猎户座载人飞船也将超越阿波罗飞船，成为未来撑起美国载人航天任务的主力。猎户座飞船的最终设计目标是载人环绕和登陆火星。美国计划在 2022 年的窗口期进行无人环绕火星甚至载人环绕火星并返回地球的测试，这是一个庞大的计划。本书将在后面继续讨论载人探测火星任务。

除此之外，美国航空航天局还有一些正在论证中的新提案，包括专注于火卫一和火卫二研究的轨道器（可以作为信号中继轨道器的备份）、详细研究火星大气（尤其是二氧化碳变化）的着陆器、研究火星两极冰层下面有机物和生命痕迹的着陆器，以及 2022 年后为着陆器或火星车提供信号链路的新一代轨道器等。

欧俄再联手：再次直击火星着陆

在探测火星方面，欧洲可谓投入小，产出大。通过国际合作，欧洲的设备得到提升，两次复杂任务都包含轨道器和着陆器，总成本比美国类似任务低不少。欧洲航天局有过两次火星着陆失败的经历：第一次是在 2003 年，小猎犬 2 号着陆成功，却未能进入工作状态；第二次是在 2016 年，斯基亚帕雷利号在最后关头失控坠毁。这是欧洲航天局深深的遗憾。但是，火星快车轨道器却取得了惊人的成功，ExoMars 任务的火星微量气体探测器也仍在工作状态。

俄罗斯此前有过多么惨痛的经历，大家已经深有体会了。进入 21 世纪后，俄罗斯找到了另一条出路：国际合作，平摊风险。俄罗斯在与欧洲合作的火星微量气体探测器中取得了突出的成果，下一步将会强化与欧洲航天局的“航天合作友谊”。

在这种背景下，欧洲的第三个火星探测计划、欧俄联手的第二个火星探测计划已经锁定，探测器将在 2020 年发射。这是 2016 年火星生命寻迹之旅的延续，将继续向火星着陆挑战。这次任务将采用俄罗斯的火箭发射，探测器主要是欧洲航天局和俄罗斯合作的着陆器和火星车。火星着陆器曾经是苏联 / 俄罗斯的强项，毕竟探测器在火星软着陆就是苏联最早实现的。同时，着陆器将搭载一辆欧洲航天局研发的火星车，类似早期探路者号和旅居者号的组合。这个新任务的复杂性显然将会超越前辈。

目前，欧洲航天局正式给火星车命名为“罗莎琳 • 富兰克林号”，向这位在人类 DNA 和脊髓灰质炎研究领域做出伟大贡献的科学家致敬。罗莎琳 • 富兰克林在 1958 年因卵巢癌英年早逝，年仅 38 岁。ExoMars 任务的核心目标是寻找火星生命，用她的名字为探测器命名恰如其分。

（图源：ESO/G. Hudepohl）

进行测试的 ExoMars 火星车，大于机遇号和勇气号火星车

欧洲和俄罗斯分工明确，各自发挥专长。着陆器用于研究火星气象、地表辐射、磁场强度等问题。不过，它首先需要完成登陆火星的任务，保护好火星车。火星车专注于收集有机物存在的证据，能够发现各种潜在的古生物有机分子或其存在过的细微痕迹。它有一个可扩展的钻头，用以获取火星表面最深 2 米处的样本。此外，特制的火星有机分子分析仪、红外高光谱显微镜、拉曼激光光谱仪、中子反照率设备等将成为研究利器。

同时，它们还会为欧洲航天局的火星采样返回地球计划做准备。欧洲和俄罗斯的方案类似美国的三次任务方案：第一，科研采样；第二，收集样品，回到火星轨道；第三，返回地球。如果火星采样任务能够完成，将毫无疑问成为人类航天史上的重大突破。

中国：2020 年再次冲击

直到现在，大家一定还在为中国火星探测器萤火 1 号不幸失利而痛心不已。限制中国火星探测活动的并非火箭运载能力。中国的长征 3 号甲火箭专门负责完成高轨任务，已经成功运送了 3.8 吨的嫦娥 3 号和嫦娥 4 号探测器进入地月转移轨道，配合 2015 年后陆续服役的远征系列火箭上面级，有足够能力运送比“嫦娥”小的探测器进入地火转移轨道，更何况前文提及的轨道器大都在 1 吨量级。对探测器制动而言，嫦娥 3 号和嫦娥 4 号都实现了近月一次制动就成功的目标，中国显然具备实力设计制造在火星附近制动变轨的探测器。

嫦娥 3 号探测器（左）和玉兔月球车（右）完成中国首个太空着陆和陆地探测任务

在资金预算之外，那时对中国探测火星造成限制的还有深空探测能力。2010 年，嫦娥 2 号在完成探月任务后飞过 150 万千米外的日地拉格朗日点，又飞掠 700 万千米外的图塔蒂斯小行星，一直飞到7000多万千米乃至更远的深空，中国对探测器深空通信功能进行了系统测试。在深空探测的遥测、控制与导航方面，中国的技术越发成熟。在嫦娥4号任务中，探测器在月球背面成功着陆，并释放了玉兔2号月球车。地球和月球背面的通信工作由鹊桥号中继卫星完成，这与火星着陆任务中轨道器负责通信中继的方式相似。这些年，中国在多项深空探测核心技术上都实现了巨大突破。

中国新一代大型火箭长征5号在2016年发射成功，它是中国未来20年内大型航天任务的主力，足以满足大型轨道器、着陆器和巡视器组合的火星探测任务发射需求。同时，随着陆基测控站的升级，海基航天测量船“远望系列”的更新，天基、天链系列卫星的建成和海外（南美洲、非洲等）测控站的积极建设，中国将拥有在地球和宇宙之间近乎无死角的深空通信能力。

中国火星探测器概念图

在这种背景下，中国在2020年再次进军火星。或者说，中国真正意义上的第一个独立火星探测任务已经正式立项，并进入生产制造阶段。按照计划，探测器将在2020年7月到8月的火星探测窗口期从中国文昌航天发射场乘坐长征5号前往火星。这将是一个同时实现“绕”“落”“巡”的任务：轨道器进入环绕火星轨道，着陆器在火星表面着陆，火星车巡视火星表面。

这种组合方式有一定必要性，因为中国目前没有可以作为地球和火星之间信号中继的轨道器。例如，美国很多轨道器为后来的着陆器和火星车提供信号中继服务，单独依靠地面着陆器和火星车很难直接与地球通信。三者结合共同进入环绕火星轨道的方式，也可以给着陆系统留下更多时间选择着陆点，与美国维京计划的方案一致。前文曾讲过类似任务，美国维京系列的成功，以及苏联和欧洲首次登陆火星失败，重要原因之一就是前者（美国）的轨道器和着陆器共同进入环绕火星轨道，轨道器择机降落，而后者（苏联和欧洲）的轨道器和着陆器抵达火星后立即分开，着陆器立即着陆。两者对比，显然维京计划优势更加明显。因此，中国选取这种方案，也是被历史证明的最合理选择。

中国火星着陆器和火星车组合方案

从轨道器方面考虑，在科研载荷方面，中国已经有了萤火 1 号的经验。在中继通信方面，中国已经在 2018 年成功发射进行地球和月球背面信号中继的鹊桥号通信卫星，在工程上有足够基础为火星通信进行信号中继。从着陆器方面来看，固定着陆点仅能分析一小块区域，以现在的国际火星研究进展来看，定点着陆器很难有新的发现。由此看来，制作能够移动的火星车势在必行。中国在嫦娥 3 号和嫦娥 4 号任务中成功对着陆器和巡视器进行组合，嫦娥 4 号和玉兔 2 号月球车甚至抵达月球背面。中国在火星探测中实现着陆器与火星车的组合，也有一定的工程实践基础。

中国此次火星探测将是一个复杂任务。除负责信号中继外，轨道器会配备分辨率和光谱不同的相机，用来拍摄中国首张火星全图。此外，它还携带有次表层探测雷达、矿物探测仪、磁强计、离子与中性粒子分析仪和能量粒子分析仪等先进仪器，用来研究火星磁场、地面表层元素、大气和中性粒子、全球地貌（高程）等。按照计划，轨道器自身重量在 3 吨左右，燃料重量占总重的绝大部分，这种设计有助于让有效载荷进入环绕火星轨道。

着陆和巡视部分会配备常规的小型气象台、相机、通信设备、地表磁场研究和土壤基本分析设备等，预计重 1 ~ 2 吨。对于重头戏火星车，中国曾在 2018 年第 69 届国际宇航大会上展出了模型并介绍了基本功能。这辆火星车重量将达到 240 千克，超过此前美国的勇气号和机遇号，与欧洲新一代火星车接近，这意味着它是一个功能强大的系统。火星车底部将装有地表穿透雷达，用以研究火星深层土壤情况。磁场感应设备可以确认着陆和探测区域的地表磁场情况。此外，土壤和岩石主要成分也是重要探测对象，在常规的水和各种元素外，有机物也是必采项。作为整体系统，它也会配备导航仪和微距相机等，以便传回更多火星表面的细节。通信设备、太阳能电池板、电池等也是必需设备。相关技术有的已经在玉兔号和玉兔 2 号月球车上有所体现，进一步提升工程应用空间是可行的。

从整体来看，中国在 2020 年火星探测窗口期的这个任务很有挑战性，若能成功，意味着中国一次走完了此前苏联和美国用几十年走过的历程。在拥有科技后发优势的情况下，这有一定合理性，但也面临风险。但是，挑战高难度对中国航天人而言并不奇怪，中国的航天精神有这么几句话：

“自力更生，艰苦奋斗，大力协同，无私奉献，严谨务实，勇于攀登。”

2020 年，让我们拭目以待中国荧惑遇上西方战神的那一天！

中国火星车概念图

商业航天正当时

2018 年 1 月 28 日，美国太空探索科技公司（SpaceX）设计的猎鹰重型火箭从具有传奇色彩的肯尼迪航天中心 LC-39A 发射平台成功起飞，这里是 50 年前阿波罗登月飞船和 40 年前航天飞机出发的地方。可以说，人类登月的一大步就是从这里迈出的。而现在，探索太空的接力棒已经有慢慢传给商业航天企业的趋势。

进入新世纪后，在美国政府主导下，美国航空航天局的主要研究方向聚焦于科

（图源：SpaceX）

2018 年，猎鹰重型火箭腾空而起

学研究，在航天工程领域鼓励私营企业进入。在这种形势下，以太空探索科技公司、蓝色起源（Blue Origin）等为代表的火箭公司快速崛起。

后续发展大大超出所有人预期，这些航天公司发展速度惊人。例如，猎鹰重型火箭已经可以将 64 吨载荷送入近地轨道，而 50 年前土星 5 号登月火箭达到的最高纪录是 140 ~ 150 吨（均为理论设计值）。苏联曾成功发射过近地轨道运力为 100 吨级的能源火箭，而苏联和美国的航天飞机的实际有效载荷仅为 20 吨级别。苏联 N1 登月火箭从未成功，猎鹰重型火箭已经排名运载火箭的第三名，是现役火箭世界第一。一枚崭新的猎鹰重型火箭造价在 1 亿美元，而土星 5 号的价格换算成今天的币值在 10 亿美元以上。猎鹰重型火箭甚至可以实现火箭核心第一级的回收，造价由此可以进一步大幅降低。总体而言，猎鹰重型火箭的性价比极高。

更让人不可思议的是，这次发射的猎鹰重型火箭的有效载荷仅是一辆车，目标也非常简单——飞掠火星，类似 1965 年美国首个火星探测器水手 4 号的飞掠任务。

这辆车不具备航天器功能，无法精准变轨靠近火星，也没有真正意义上的航天探测有效载荷，甚至在发射不久就完全失联（没有稳定的通信设备），但这个不可思议的“航天任务”还是让人惊掉了下巴。

太空探索科技公司的创建者是埃隆·马斯克。按照他的说法，创建太空探索科技公司的目的并不只是发射火箭，而是要征服火星，让人类成为跨越星球生存的生物。

除火箭外，太空探索科技公司还拥有可回收的货运飞船和载人飞船。此外，该公司还有野心勃勃的大猎鹰火箭，可以在太空中加注燃料，还可以回收利用。在太空加油接力后，它完全有能力运送150吨重的飞船前往火星。据太空探索科技公司官方公布的消息，大猎鹰火箭已经基本研发完毕，最早在2020年进行测试。如果一切顺利，它可以在2022年火星探测窗口期进行载人火星探测活动：一个乘组前往火星轨道后返回，并不登陆火星。在更遥远的未来，以编队方式降落火星并返回地球的目标也可能实现，人类或许最终可以实现“殖民”火星的愿望。马斯克把这套系统叫作“星际运输系统”。

由于几乎核心火箭结构都可以回收，所用燃料液氧和甲烷的价格又大大低于常

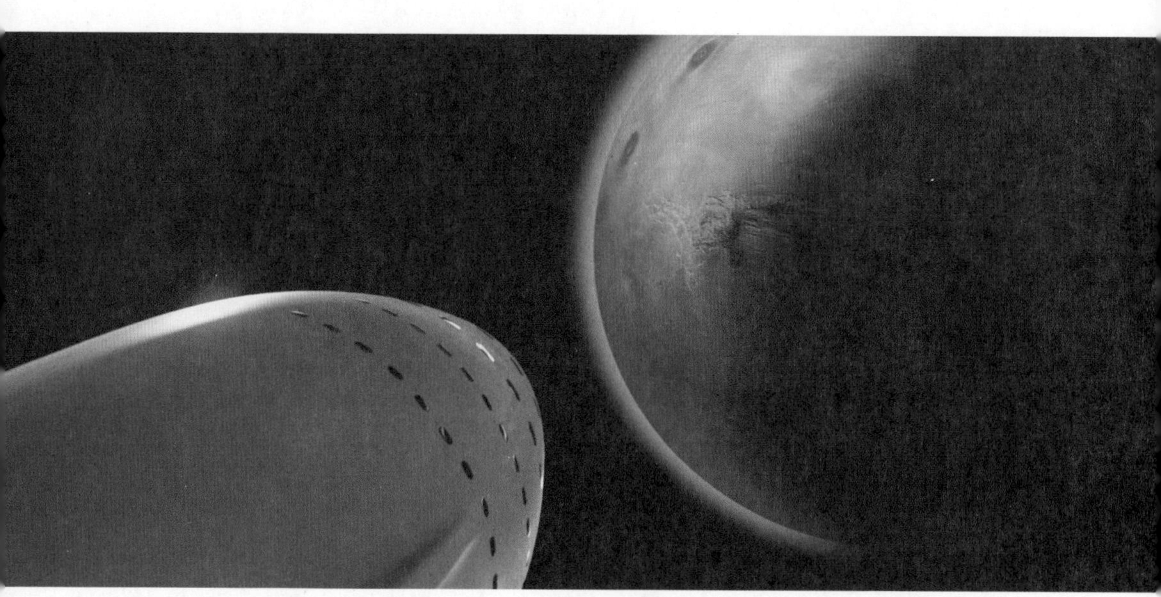

（图源：SpaceX）

在太空探索科技公司官方宣传中，星舰成为地球与火星之间星际运输系统的标志

规燃料，所以整套系统性价比非常高（相对美国航空航天局的方案）。太空探索科技公司的方案听起来过于美好，甚至带有科幻色彩，但谁也不敢否认商业航天具有强大潜力。在一片质疑声中，太空探索科技公司曾经取得火箭一级回收、货运飞船回收、重型火箭发射和载人飞船回收等不可思议的成就，或许它真有可能最先让人类踏上火星。

太空探索科技公司并不孤独，杰夫·贝佐斯创建的蓝色起源同样目标长远。这家公司在火箭回收、载人飞船领域可以和太空探索科技公司匹敌，新型的正在研究的新格伦（New Glenn）火箭不亚于猎鹰重型火箭，而新阿姆斯特朗（New Armstrong）火箭同样以征服火星为目标。2019年，蓝色起源发布了“蓝色月亮”月球着陆器的相关信息。这个着陆器功能多，运载能力强，扩展空间大，其未来发展空间颇大。

由世界第一军工企业洛克希德－马丁和世界第二军工企业波音组建的“联合发射同盟”（United Launch Alliance）在成立后便垄断了美国航天发射市场，但这些年遭到太空探索科技公司和蓝色起源阻击。在重型航天发射领域，这两家公司自然不会主动放弃。2020年前后，二者联合研发的新一代重型火神火箭将会起飞。此外，它们正在研究新一代载人飞船和月球着陆器等。在未来的火星探测任务中，二者依然是实力玩家。

当然，这几个只是典型案例，还有大量私营航天公司瞄准了这片红海。商业航天企业对火星的想象力和征服力，也许会大大超出我们的想象。

百花齐放的火星探测时代

这个世界，从来没有一个国家在航天探索中遭遇苏联和俄罗斯在探测火星时面对的失败。在探测金星过程中，苏联曾经有多次成功着陆的壮举，让世人惊叹。苏联在首次软着陆火星任务中取得成功，其数个火星探测任务都代表了人类当时探测火星的新高度。在火星探测领域，苏联是唯一能与美国长期抗衡的国家。不幸的是，

（图源：NASA/JAXA）

日本新一代火星探测器构想图

苏联在火星探测中反复失利。犹如诅咒一般，这个梦魇被留给了俄罗斯，令人倍感心酸。

通过与欧洲合作，俄罗斯近年取得一些成功，但显然心有不甘。俄罗斯决心弥补福波斯－土壤号留下的遗憾，计划让探测器围绕火星飞行，降落火卫一，采样后再返回地球。

与此同时，在从小行星采样返回领域颇有建树的日本也提出了自己的从火卫一采样返回、飞掠火卫二的探测方案。这个方案由日本宇航局主导，还有美国航空航天局、欧洲航天局和法国宇航局等国际合作伙伴参与，可谓实力强劲。日本探测器预计在 2024 年出发，在 2025 年初抵达火星。

首次探测火星便大获成功的印度，将冲击下一个目标：登陆火星。印度计划在 2022 年火星探测窗口期发射曼加里安 2 号。这个探测器同样是轨道器和着陆器的结合，轨道器环绕火星，着陆器在火星登陆。

几乎世界上的任何国家都有自己的火星神话，火星探测梦也是每个地球人都有的梦想。新世纪的科技进步使很多国家的航天梦逐渐成真，一些国家为火星探测注入了新的动力。加拿大将挑战火星着陆和火星车释放任务；阿拉伯联合酋长国投入巨资，希望完成阿拉伯世界的首次太空之旅；芬兰计划探测火星并挑战火星着陆任务；韩国也希望尽快成为第四个探测火星的亚洲国家；还有更多的商业航天公司提出了让人眼花缭乱的创新想法。

总而言之，这是一个百花齐放的火星探测时代。

人类的科学技术发展得越来越快，火星探测活动也会越来越丰富。从 1960 年至今，火星探测活动成功率仅一半左右。

失败、成功、兴奋和苦楚，种种情绪交织在一起。火星探测成败无法预测，却不该为之感伤，因为希望一直都在。

随着对太阳系外行星的研究逐步深入，到目前（2019）为止，人类已经发现了 4000 多颗类地行星，其中近六分之一有存在生命的可能。2009 年进入太空的开普勒太空望远镜证明，平均每个恒星系统就会拥有一颗行星。银河系内的恒星大约有 1000 ~ 4000 亿颗，宇宙中像银河系这样的大型星系更可能高达 1000 亿甚至上万亿个，宇宙的半径也随着人类观测能力的提升而逐渐扩大，像地球这样的行星一定数量惊人。

在太阳系内，木星系统的木卫二、木卫三、木卫四、木卫六和土星系统的土卫二、土卫六上有液态水甚至液态甲烷被发现，有存在生命的可能。对火星的探索不断深入，水、甲烷、高氯酸盐、简单有机物不断被发现，人们对火星地下的生命痕迹更加充满了想象。不管怎样，任何太空生物的发现，无论科幻小说中的高级文明生物，还是类似地球几十亿年前存在的初级生物，它们都将回答一个人类面临的终极问题：

我们是宇宙唯一的子女吗？

答案自然是否定的。

人类将被定义为一种新物种，**一种暂时只能生活在一颗行星（地球），最远只能到达行星卫星（月球）的高级碳基生物。**

人类显然不能满足于此，我们渴望被定义为**一种能够跨越星际生存的高级碳基生物。**

走出地球似乎是我们从渺小迈向伟大的必经之路。火星就是下一站，那里总是荧荧如火，令人向往。

第七章

从地球到火星

（图源：NASA）

经过前文分析，我们已经可以确认，人类航天深空探测的下一站必定是火星。

一位司机从家中出发前往目的地有三个步骤：启动汽车，开车，停车。从地球出发前往火星也需要三个步骤：摆脱地球引力和稠密大气，进入太阳系内星际空间，到达火星并降落在上面。

离开地球、前往火星和降落火星之旅，将从这里开启。

第一步：摆脱引力，离开地球

大众描述科学家的传奇经历时总是喜欢讲故事，比如下面的传闻：一个苹果从树上掉下来，恰好砸到牛顿头上。这位科学巨擘于是“脑洞大开”，提出了影响全人类数百年的万有引力定律和三大运动定律，它们成为研究宇宙万物的不二法则。下至石子，上至天体，都受万有引力作用的影响。

太阳系当然如此。太阳占有太阳系 99% 以上的质量，是绝对的引力中心，它束缚了太阳系几乎所有天体。如果苹果树突然静止出现在太阳系内，苹果从树上“掉落”时就会被太阳巨大的引力吸引，奔向太阳。不过，如果苹果已经像地球一样有了一定速度，万有引力就起到向心力作用，这颗苹果就会在太阳系内围绕太阳运动，正如太阳系内无数星际尘埃一样。

在地球上也是如此。把一个物体扔出去，它一定会受地球重力影响而落下；如果它的运动速度很快，就需要更长时间才能落到地上。当一个物体运动速度非常快，达到航天器的飞行速度，它就会一直“往地上掉”却掉不下来（地球近于球形）。这就是环绕地球运动，轨迹是一个椭圆（圆是偏心率为 0 的椭圆）。为了在地球表面环绕地球运动，任何物体必须达到 7.9 千米 / 秒的速度，这个速度叫作第一宇宙速度。不过，地球表面有稠密的大气，在这种速度下，物体会受到巨大的空气阻力。例如，汽车速度为 30 米 / 秒，这时打开车窗，坐在车里的人很难睁开眼睛，这就是由于空气阻力。因此，卫星必须飞得很高，以逃脱地球大气。在一般情况下，卫星的飞行高度在距地面 200 千米以上。中国的天宫 2 号空间实验室位于距离地面

（图源：Godfrey Kneller）

牛顿提出的万有引力定律和三大运动定律成为天文学基础理论，后人就是站在这位巨人的肩膀上

400 千米之上，这里的空气阻力很小，它的运动速度大约是 7.7 千米 / 秒，可以在几乎不消耗燃料的情况下长期稳定地围绕地球运动。

如果航天器想彻底摆脱地球引力的束缚，就需要进一步加速。这样的话，即便地球引力的影响范围从理论上说是无限远，也无法把它拖回来，最多是在无限远处把它的速度降到接近 0 米 / 秒。这就是航天科学家说的逃逸速度，或者第二宇宙速度。从地球表面出发，探测器相对地球的速度需要达到至少 11.2 千米 / 秒。实际上，地球表面稠密的大气根本不可能让它以这个速度离开。因此，探测器一般先脱离大气层到达近地轨道，那里的地球引力变弱，只要在已经获得的速度基础上稍微加速，达到 10.9 千米 / 秒的相对地球的速度就够了。同样道理，地球最外层的大气分子在获得一定太阳辐射能量后加速，就有机会超过这个速度而逃离。

如果要从火星逃逸，需要的速度大约是 5.0 千米 / 秒，比地球容易得多。

然而，离开地球进入环绕地球的轨道就已经困难重重，巨大的火箭需要消耗天量燃料才能把数吨重的物体送入太空。现在的火箭，平均 100 吨自重，仅能运送 3 ~ 5 吨重的航天器进入环绕地球的近地轨道（一般在 200 ~ 2000 千米高）。如果渴望摆脱更大的地球引力的束缚，将物体送上 35786 千米高的地球同步轨道（围绕地球运动一圈恰好是 24 小时），就必须使用三级甚至更多级火箭。在这种情况下，火箭的运送能力比近地轨道会降低一半左右。

如果航天器想走得更远，对火箭的要求将进一步提升。如果将探测器送到 38 万千米外的月球，探测器重量与火箭重量的比例就降到 1% ~ 2%。阿波罗登月计划使用的土星 5 号火箭，重达 3000 吨，仅能运送 45 ~ 48 吨重的飞船到地月转移轨道。要知道，它能够运送 140 ~ 150 吨重的物体到环绕地球轨道。当然，这是以土星 5 号巨大的燃料消耗量为代价的：它的一级火箭每秒钟燃烧 13 吨燃料。换作汽油，其 1 秒钟消耗的燃料足够一辆每 100 千米耗油 10 升的普通家用小汽车行驶 18 万千米，能够绕地球赤道 4 圈多！

运送物体到火星更加困难。以目前探测火星最为成功的好奇号火星车为例，承载它的是宇宙神 5-541 火箭，核心推动部分包括 1 个宇宙神 -5 型核心级、4 个固体助推器和单台发动机的半人马上面级，使用了 5.4 米直径的超大整流罩，因而型

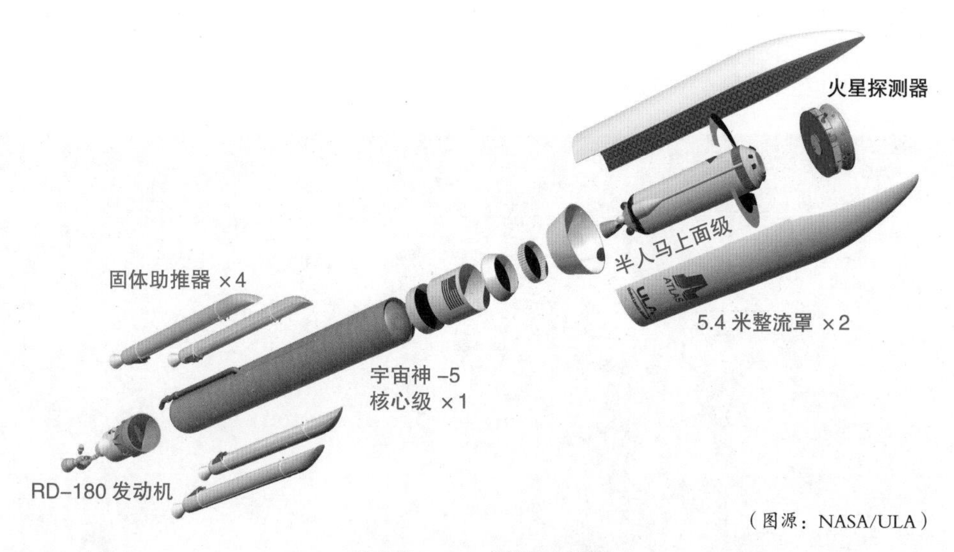

（图源：NASA/ULA）

宇宙神 5-541 火箭基本结构

号为 5（V 型核心级）-5（整流罩尺寸）4（助推器数量）1（上面级发动机数量）。它的重量高达 531 吨，而其负责运送的好奇号组合仅重 3.8 吨，运载效率仅为 0.7%。

好奇号 3.8 吨重的组合体绝大部分是为火星车降落而存在的，火星车核心部分仅 0.9 吨。好奇号总共花费 25 亿美元，价值约 40 吨黄金。人类为梦想而愿意付出巨大的代价。

前往火星的火箭运载效率进一步降低的主要原因是：航天器摆脱地球前往其他行星时需要面对太阳带来的巨大挑战。航天领域有个名为“希尔球”的概念。任何探测器都会同时受到地球和太阳的引力，二者的相对强弱和影响范围取决于航天器与它们的距离，结果是太阳的巨大引力将地球的引力主导影响范围“压缩”到一个半径之内。在这个半径内，地球引力占主导地位，一定速度的探测器或卫星将受影响围绕地球运动，当这些探测器或卫星脱离地球后，就会更多地受到太阳引力的影响。这个半径形成的球就叫作“希尔球”或“洛希球”。这一概念是由美国著名天文学家乔治 • 希尔在法国天文学家爱德华 • 洛希的研究基础上得出的。地球的希尔球半径约 150 万千米，但这个数字只是理论极限。实际上，在接近这个值之前，卫星轨道就已经很难维持稳定。希尔球是星球之间角力的结果，星球大小和其所处位置很重要。例如，冥王星质量只有地球质量约五百分之一，但由于距离遥远，受太阳影响很小，所以希尔球的体积比地球的大了很多倍。

（图源：NASA）

太阳强大的引力束缚住了太阳系内所有星体，银河系又束缚住了太阳系在内的海量小型星系

这也解释了为什么距离太阳越近的行星卫星越少。对于某些环绕行星的卫星而言，它们要同时与太阳和行星“角力”，基本不可能拥有自己的“卫星”。在理论上，靠近太阳的行星形成时距离太阳系中心更近，那里的初始物质更加密集，更容易形成更多的卫星。但是，由于距离太阳太近，它们的希尔球被压得很小。在数亿年的历史中，这些行星的卫星随便出点意外就会使轨道不稳定，被太阳“抢走”或甩出太阳系，所以这些行星很难留住卫星。靠近太阳的几个类地行星中，水星和金星没有卫星，火星仅有两个小不点卫星。地球有月球这么大的卫星，简直就是奇迹。

遗憾的是，关于这个奇迹，科学界依然没有找到确切的答案。

总而言之，从地球出发的探测器一旦脱离地球的希尔球，就会被太阳巨大的引力影响，被太阳引力牢牢拖着减速（远离太阳）或加速（接近太阳）。如果一个探测器想彻底逃脱太阳束缚，飞出太阳系，其速度就要远远超过逃脱地球需要的速度。探测器在地球的位置附近需要达到相对太阳 42.1 千米 / 秒的速度，否则在没有外力帮助下（如其他行星引力）一定会被太阳拉回来。

幸运的是，地球不停地自转，也带着人类不停地绕着太阳公转，这个相对太阳的速度是 29.8 千米 / 秒。因此，所有探测器在出发时就具有这个巨大的速度。在逃离地球之后，探测器如果想彻底摆脱太阳系，就需要在此基础上加速至少 12.3 千米 / 秒。因为需要克服地球引力的影响，所以探测器就必须相对地球加速更多，速度需要达到 16.7 千米 / 秒，这个速度被叫作第三宇宙速度。

探测器的动能来自火箭，根据动能定理（能量跟速度的平方成正比），探测器飞得稍远一点就需要更高的速度逃离，对火箭供能的要求会大幅提升。一次彻底摆脱太阳引力的任务对火箭要求极高，目前仅有 2006 年发射的新视野号在离开地球和太阳时达到并超过这个速度（相对太阳速度在 45 千米 / 秒左右），当时是一个重达 569 吨的宇宙神 V-551 型火箭全力推送一个 0.478 吨重的探测器。其他四个目前能够脱离太阳系的探测器（1972 年先驱者 10 号和先驱者 11 号，1977 年旅行者 1 号和旅行者 2 号）就要依赖木星等各大行星的“引力助推”才可能实现，甚至新视野号在飞行途中也受到木星“助推”。可以想象，这些探测计划的轨道设计一定格外复杂，本书不多做讨论。

幸运的是，火星探测器的真正目的并不是逃离太阳系，而是抵达火星。探测器进入火星希尔球时，如果速度和位置适当，就会被火星引力捕获，火星就会成为探测器对抗强大太阳引力的堡垒。所以，前往火星的探测器并不需要达到相对太阳 42.1 千米 / 秒的速度。按照下文介绍的霍曼转移方式，它的速度只需达到 32.7 千米 / 秒左右即可，并不是一个很难达到的速度。

为抵达火星，基于地球赋予的惯性速度，探测器在理论上只需额外以 2.9 千米 / 秒的相对速度沿着地球运动的切线方向逃离地球即可。实际上，探测器从近地轨道

（图源：NASA）

新视野号摆脱太阳引力束缚，创造了最快飞出太阳系的奇迹。新视野号是目前唯一的探测冥王星和更远天体的探测器

出发，其速度额外增量要至少达到 3.6 千米 / 秒左右，并不难实现。火星探测器越重就越难推，但总会有合适的火箭满足要求。按照这种逻辑，如果从地球出发前往火星之外的木星，则需要额外加速 8.8 千米 / 秒（理论值）。现在的火箭很难达到这个要求，或者可以再次像新视野号一样“大马拉小车”。

人类比较幸运。地球自身引力大小适中，围绕太阳公转的初速度足够快，所处位置的太阳引力大小适中，距离附近其他星球位置不远，所以探测器能够借助火箭的力量逃离地球，也可以相对轻松地进行太阳系内的“短途”旅行。

举例对比说明就更加明显：水星距离太阳很近，质量很小。探测器加速到 4.3 千米 / 秒就能够逃离水星，却需要 67.7 千米 / 秒才能逃离太阳。即便水星公转速度为 40 千米 / 秒，也需要额外补充很多能量，而人类现有火箭还很难做到这一步。

木星距离太阳很远，探测器只需 18.5 千米 / 秒的速度就可以逃出太阳系，却需要 60.2 千米 / 秒的速度才能逃离木星。

逃离水星（太阳引力主导）和木星（木星引力主导）进行星际航行难度要大得多。因此，如果人类是生存在这些星球上，很难进行航天探索。人类恐怕无法逃离太阳系，甚至连自身所在的星球都很难逃离。

大家可以想想：自身引力很小，距离太阳引力中心更远，在太阳系内位置极佳的火星，是不是一个太阳系内极其理想的星际旅行基地呢?

第二步：霍曼转移，亿里奔袭

探测器有了足够的速度逃离地球，科学家下一步要做的就是设计星际旅行路线。科幻影视作品中经常出现以光速级别的速度运动的飞船横冲直撞抵达目标的场景，这里进行一下纠正。相比而言，光速是 30 万千米 / 秒，新视野号相对太阳的速度仅 45 千米 / 秒。这样的速度可以说是人类目前能够做到的极限，但比起光速依然不值一提。在真实的星际旅行中，人类探测器不可能直线飞出地球前往下一目标，这种完全不考虑其他星球巨大引力的直线运动是人类无法做到的，只能存在于想象之中。航天器实际运动轨迹一定是符合万有引力定律和开普勒天体运行三大定律的椭圆，椭圆的焦点是主要引力源，在太阳系内自然是太阳。

因此，科学家必须想办法设计出最优方案解决地球到火星的星际旅行问题。1925 年，沃尔特 • 霍曼博士给出了这种星际旅行的最佳解决方案，该方案因此被后人叫作霍曼转移轨道，它是以节约能量为原则的理想方案。

以前往火星的探测器为例，假设火星和地球轨道都是圆形，霍曼转移轨道的思路大致是：在地球和火星的环绕太阳的轨道之间选择一条椭圆路线，椭圆与地球运行的轨迹外切，与火星运行的轨迹内切，以太阳为椭圆的一个焦点。根据开普勒定律，探测器离开地球时所处位置为近日点，相对太阳速度最大，约 32.7 千米 / 秒；探测器到达火星时所处位置为远日点，相对太阳速度最小，约 21.5 千米 / 秒。

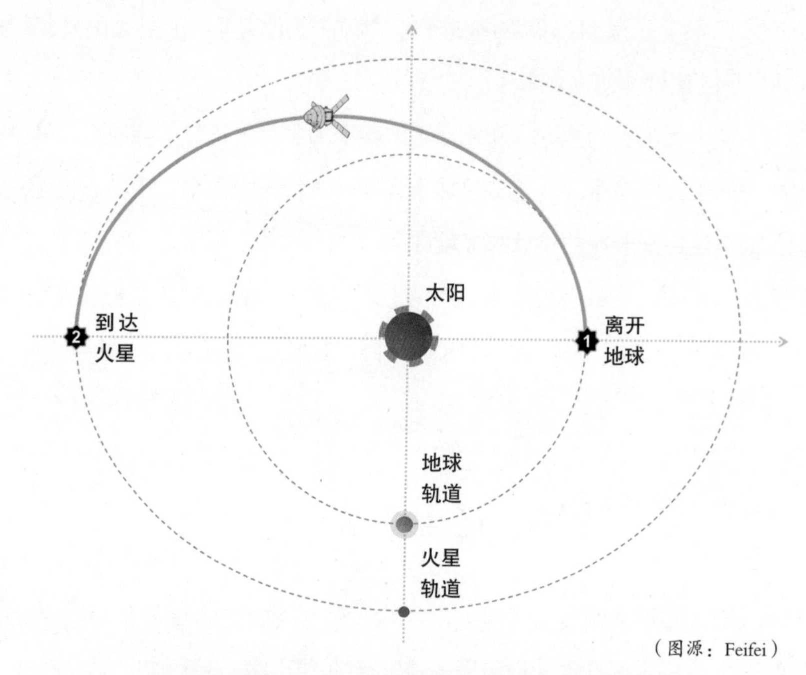

（图源：Feifei）

从地球前往火星的探测器几乎都使用类似的霍曼转移轨道

前文讲过，前往火星对于现在的人类航天技术而言并不是大的挑战，探测器在摆脱地球引力后，在地球赋予的围绕太阳公转的速度上加速即可。靠近火星，探测器在霍曼转移轨道远日点的速度较慢，还需要加速到火星 24.1 千米 / 秒的公转速度。不过，就像地球在探测器出发时送上惯性速度作为“礼物”一样，火星在迎接它时会用引力帮助它加速，探测器反而要避免速度过快而进行制动。探测器总体上会加速两次，一次是加速离开地球进入霍曼转移轨道，一次是在快要抵达火星时加速赶上火星。

这种轨道有巨大优势。从理论上讲，探测器的推进系统只需在轨道近日点（地球）和远日点（火星）工作两次即可，能量需求很低，大大降低了燃料消耗，也降低了对推进系统的要求。火箭发送探测器到地火转移轨道的运输效率不到 1%，能节省一吨燃料就意味着火箭重量可以减少超过百吨，这样做大大降低了对火箭的要求，同时拓展了探测器的设计空间。

但是，霍曼转移轨道也有时间长的缺点。探测器需要按部就班地按照椭圆轨道运动，走完整个椭圆近一半的路程。火星轨道和地球轨道最近仅相距5000多万千米，而标准霍曼转移轨道却长达6亿千米，需要探测器飞行260天左右，是地球和火星直线距离的十几倍。这只是理论计算值，火星轨道实际上是一个偏心率为0.1的椭圆，它与地球的最近距离时远时近，霍曼转移轨道长度也不尽相同。此外，火星围绕太阳运动的轨道面与黄道平面（地球围绕太阳运动的轨道面）也存在一个1.8度的夹角，这使设计从地球到火星之间的霍曼转移轨道变得更加复杂，必须是大型专业航天机构才能胜任的。

为找到这样一条轨道，人们需要提前很久计算火星和地球的相对位置，以使探测器与火星能够准时相遇。这有点类似让一个人在滑翔机上（运动速度较快的地球）扔（发射）一粒小石子（探测器），在提前很远的地方（发射窗口），中间有风和空气影响（恒星和行星等各种引力源），准确穿过地面一辆左右前后运动（火星围绕太阳运动轨道倾角不同，有大偏心率）的小汽车（运动速度较慢的火星）天窗（引力影响范围，希尔球）后，再掉到司机的水杯里（环绕火星轨道）。即便不考虑着陆，探测火星的难度已经可想而知。

当然，利用霍曼转移轨道是火箭和探测器能够平稳运行的最低需求，如果探测器重量不同，在离开地球时运动速度不同或方向稍微不同，轨迹也会有所不同，时间可能缩短或延长。20世纪70年代，美国和苏联争相发射第一个环绕火星的探测器时就出现了这么一幕：早出发的苏联火星2号和火星3号探测器并没有在美国水手9号探测器之前抵达火星，它们的重量、性能和发射用的火箭完全不同。水手9号轻很多，最后胜出。

因此，霍曼转移轨道还可以改进为“快速转移轨道”。与霍曼转移轨道相比，探测器出发时速度更快，或者在途中用发动机改变航线，这相当于抄近道。相比传统的霍曼转移方式，这种方式增加了对发动机的要求，需要消耗更多燃料。它能节省的时间有限，只适合于一些重量较轻、发射火箭强大、途中可消耗燃料的探测任务。例如，2018年出发前往火星的洞察号，重约700千克，净重360千克。宇宙神5-401火箭将它送出地球后，火箭半人马上面级可以长期工作，探测器自身也可以变轨，减少行程时间。洞察号在2018年5月5日从地球出发，它拥有强大的火箭和最好

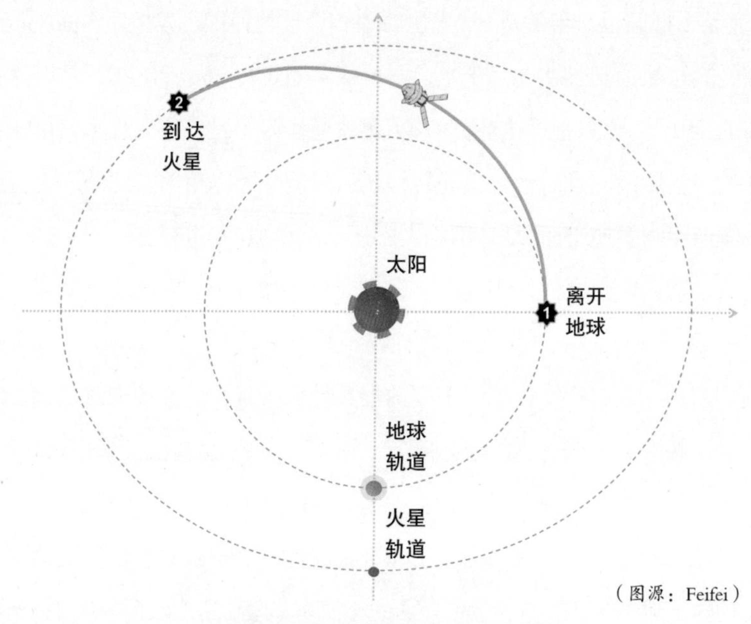

（图源：Feifei）

快速转移轨道是霍曼转移轨道的升级版

的时间窗口，依靠快速转移轨道设计，全程仅 4.8 亿千米，用时约 7 个月即抵达火星。相比而言，更重的印度曼加里安探测器（1.3 吨）依靠性能偏弱的印度 PSLV-XL 火箭，走了 7.8 亿千米，耗时 11 个月才到达火星。

从理论上讲，快速转移轨道无限优化下去就会出现科幻电影中“直来直往”的宇宙飞行场景。但这毕竟只是想象，探测器在这种轨道提升速度意味着巨大的能量消耗，一般只有抵达火星后立即执行着陆任务的着陆器适合使用，而把每滴燃料视为珍宝的轨道器几乎不会使用。像奥德赛号、侦察轨道器这种轨道器节省能量十分必要，它们需要尽力延长工作时间。另外，传统化学燃料火箭和推进系统存在上限，无法轻易突破六个月左右的旅程这一巨大屏障，没有时间优势。但是，快速转移轨道在未来无疑是一个非常可行的方案，特别是在新推进技术逐渐成熟的情况下，而离子电推进和核能推进技术都将大大改变现状。

美国、俄罗斯、欧洲和中国目前都已经掌握了最新的离子电推进技术。这种技术一般是将粒子（如惰性气体氙和氪）在超高电压下电离并送入强大电磁场中，离子被加速到每秒数万米乃至二十万米的速度后冲出发动机，从而获得反推力，其速

（图源：NASA）

早在 1998 年的深空 1 号任务中，美国航空航天局就首次成功验证了离子电推进技术在深空探测中的应用

度远远超过传统化学燃料产生的每秒几千米级别的速度。在航天发动机领域有一个“比冲”概念，用以综合衡量单位质量燃料的推进能力，这个数据通常用秒来衡量，越大越好。例如，传统固体燃料和液体燃料比冲仅为 250 ~ 480 秒，离子电推进的比冲是这个数据的 10 倍。目前新型发动机的比冲甚至可以达到 2 万秒级别，发动机更小，效率却更高。在阿波罗登月计划后出现的核能推进技术，其比冲也大幅高于化学燃料。遗憾的是，科学家担心核能推进设施在离开地球后发生爆炸事故，造成核辐射。于是，这一技术逐渐淡出了人们的视野。

离子电推进技术也有重大缺陷，相比传统化学燃料技术，推力极小，仅为毫牛顿到牛顿级别。它的非凡之处在于消耗燃料极少（仅为传统燃料的十分之一，甚至更少），而且在燃料用尽前几乎可以不停工作。不过，聚沙成塔，这些离子推进器长期工作下来有愚公移山的效果。在实际应用中，化学火箭将巨大的探测器送入深空，而后离子电推进发动机开始工作。由于没有空气阻力，其推力效果逐渐累积，探测器逐渐加速，反而能取得惊人效果。因此，在未来的火星探测乃至星际航行中，使用离子电推进系统可以缩短航行时间，基于这种技术设计的快速转移轨道方案会有一定优势。

霍曼转移并不是唯一方式，还有一种“冲点航线”。冲点是指火星与地球、太阳连成一线的时间点。由于地火轨道形状和二者速度不同，地球与火星距离的最小值往往并不在冲点，而是在冲点附近的 1 ~ 2 周。探测器在冲点附近出发，不过不是直奔火星，而是飞向金星和太阳。太阳和金星的引力会形成强大的“引力弹弓”效应，远超人类现有技术能够提供的能量。在这个过程中，探测器发动机适度工作，校正轨道。由于路过太阳附近，这条路线测控和通信的难度很大，辐射量也远超一般任务。总的来说，这种方式很远，很难，也很危险。这种方式可将探测器前往火星的时间控制在 7 个月以内，但目前看来并不值得去实践，因为时间没有节省很多。

总体而言，人类航天发展水平依然远远没有达到轻易摆脱地球和太阳引力的地步，探测器无法像科幻电影一样横冲直撞地做直线运动。依赖化学燃料的火箭将依然是主导，离子电推进、核能推进等新推进技术在短期内并不能有效用于火星探测。霍曼转移轨道和经过优化的快速转移轨道依然是未来核心的深空探测方案，人类还需要在此基础上慢慢努力。

第三步：抵达火星，切入轨道

利用火箭助推，探测器获得了摆脱地球引力的能量。再经过地球和火箭上面级的帮助，探测器获得了从地球到火星短途旅行需要的能量，不至于被太阳拖走。使用精心设计的霍曼转移轨道，探测器能够节省大量能量，最终顺利抵达火星附近。

在进入火星附近的霍曼转移轨道末段时，火星即将出现在此次旅途的目标轨道上。此时探测器处于以太阳为焦点的大椭圆轨道的远日点，它的速度在这里较慢，仅 21.5 千米 / 秒。为跟上火星，探测器需要再一次在火星引力和自身推进系统的作用下加速至 24.1 千米 / 秒，离开霍曼转移轨道，切入火星环日轨道，从而能够被火星引力俘获。此时，它要以合适速度和方向冲进火星希尔球。弱小的火星希尔球半径大约 100 万千米，而探测器需要到达希尔球内部约三分之一的位置才能够维持相对稳定的轨道。

最终，经过数亿千米、穿过漆黑空旷的空间、持续 6 ～ 11 个月的旅途，探测器看到了那颗红色星球。探测器加速使自身轨迹和火星轨迹部分重合，二者相对太阳的速度几乎一样。此时，火星引力开始起更大作用。在探测器能力有限的情况下，火星引力很容易使其加速，从火星附近掠过，甚至撞上火星，前者与水手 4 号探测火星的情况类似。如果探测器推进系统进行工作制动，它会围绕火星运动，形成大椭圆轨迹，这与早期水手 9 号的情况类似。如果推进系统让探测器奔向火星，并在火星大气和降落伞作用下进一步减速，这便是在火星着陆了。

对于环绕火星任务，在多数情况下，科学家希望降低超大椭圆轨道的最大高度（远火点），最终使探测器围绕火星做近似圆形的小椭圆运动，这也是 20 世纪末以来大部分轨道器选择的方式。在这个过程中，探测器需要进一步制动。

如果探测器能力超强，有强大的推进系统，直接让发动机继续工作即可。但是，这对单位重量价值远超黄金的探测器而言，不是最优方案：每滴燃料都是从地球运送来的，每滴燃料和容器都有重量，甚至燃料本身重量也是消耗更多燃料的重要因素。以印度曼加里安探测器为例，总重 1337 千克，燃料有 852 千克；考虑到余下的基本结构、太阳能电池板、发动机和基本控制导航器件等，真正用于科研的设备仅有 13 千克左右。由此可见燃料重量对火星探测器的巨大影响。

印度曼加里安探测器抵达火星的影响范围后，开始转身，发动机反推。最后，从地球出发算起，它总共消耗超过 800 千克燃料才实现环绕火星，仅剩 40 多千克燃料用于火星探测任务期间的消耗。消耗如此多的燃料后，这个探测器却依然无法进入较低的环绕火星的圆形轨道，其最终工作轨道是一个近火点距火星 420 千米，远火点与火星之间的距离达到 7.7 万千米的超大椭圆。只有在近火点附近，各种设备才能有效工作。

为减少探测器抵达火星变轨后的燃料消耗，科学家们绞尽脑汁。其中一个辅助方案就是空气刹车技术，前文介绍的火星全球勘探者号、奥德赛号、侦察轨道器等都使用了此方案。不过，这项技术的首次验证是在 1991 年，日本月球探测器飞天号和子探测器羽衣号在地球进行测试。两个探测器在 125 千米高的地球大气中空气刹车一次就将速度降低了 1.7 米 / 秒，使椭圆轨道的最高点大幅降低。这种技术随后被用于火星探测。

尽管火星大气稀薄，空气刹车的效果在那里依然非常明显。在空气刹车过程中，火星侦察轨道器张开太阳能帆板，通过与火星极其稀薄的大气摩擦，逐渐降低椭圆轨道，靠近火星。它在那里最终工作了 5 个月，共计进行了 445 次空气刹车，效果非常惊人。美国航空航天局总结，利用空气刹车方案，足足节省了 600 千克燃料。这是一个了不起的成就。

对于巨大而脆弱的探测器来说，空气刹车必须非常小心，不能太远，也不能太近。例如，对于侦察轨道器而言，它飞进火星大气时承受的力仅 7.4 牛顿，大约相当于一只小猫站在 37 平方米的大客厅里对地板产生的压力。不过，也不要低估速

（图源：NASA/JAXA）

飞天号及其子探测器羽衣号首次测试了空气刹车技术

度的强大作用，在空气刹车期间损失的速度都转换成了空气与探测器摩擦产生的热量，很难通过对流和辐射散去。这个温度最高可达 170 摄氏度，需要特别小心，否则探测器可能像气候探测者号一样，因人为错误飞得太低，直接在火星大气中焚毁。

火星和地球的距离最远达到 4 亿千米，以光速行进需要耗时 22 分钟才能走完这个距离，往返所需时间还要翻倍。我们还不能忽略探测器位于火星背后、地球背后时遇到的各种阻碍。因而，在这么远的距离进行如此精细的轨道控制，只能依靠探测器自身，这相当于在刀尖上跳舞。空气刹车看起来简单，做起来却相当不易。

经过这些步骤，探测器抵达预定火星轨道。

第四步：击败死神，降落火星

前文介绍了探测器如何抵达环绕火星轨道。对于维京计划这种轨道器和着陆器结合的任务而言，还差一大截才能称得上是降落火星。为同时完成环绕火星、降落火星的任务，让着陆器有足够的冗余空间，需要更加复杂的技术。未来的载人探测器毫无疑问不会直接冲进火星大气，这样风险太大，首先入轨环绕火星是十分必要的。

对于单独的火星着陆任务来说，特别是在火星轨道已有轨道器的情况下，就没有必要浪费燃料让着陆器环绕火星，可以直接“撞向”火星，完成降落过程。在探测器落地后，运行在火星轨道的轨道器可以为其提供通信中继服务。如果是着陆器和轨道器共同抵达火星的任务，理想方案是二者共同入轨，着陆器择机登陆。这些任务的区别在此前已经讨论论过，我们现在主要描述着陆器冲进火星大气着陆的过程。

作为铺垫，我们先从航天器冲进地球大气着陆讲起，以最常见的载人航天任务作为例子。显而易见，载人航天任务与无人探测任务的一个最重要的区别就是需要保护人类安全。全世界现在仅有苏联 / 俄罗斯、美国和中国掌握了载人航天技术。欧洲曾经在 1992 年宣布放弃发展载人航天事业，日本也在 2003 年宣布放弃，而印度的载人航天事业一直在规划之中。载人航天任务的难度，由此可想而知。

在载人航天中，最困难的便是返回着陆技术：飞船调整角度，从距地面高度140千米处进入大气，返回轨迹与地面夹角仅3度左右。夹角过大，由于过量摩擦产生巨大热量，会使飞船焚毁；夹角过小则会“打水漂”，使飞船滑入深空，几乎不可能返回地球。飞船返回时的最大过载可以达到4～8个地球重力，几乎逼近人类身体能够承受的极限，更何况宇航员刚刚从失重的太空环境中返回。受到巨大冲击意味着飞船很难进行动力调整，它的能力和大气层的冲击力相比可以忽略不计，仅能勉强维持一定的姿态。在返回过程中，接触大气层的底部隔热罩温度将会上升到2800摄氏度（阿波罗4号飞船的纪录），即便是最耐高温的复合材料也会直接升华。这个温度甚至产生了超高温的等离子团，会屏蔽掉一切通信信号，使飞船处于恐怖的“黑障”状态，宇航员除了在舱内听着巨大响声外毫无办法。

（图源：NASA）

航天器返回地球可以用降落伞减速。联盟号飞船在最后时刻启动反推火箭，减速落地

在距地球表面10千米时，飞船由于猛烈的大气摩擦会将速度降下来，但此时的速度依然与声速接近。飞船随后要一层层打开降落伞，大伞打开的巨大冲击力又会对飞船乘客产生巨大的考验，引导伞、减速伞、主伞一层层打开。但是，降落伞的作用依然不够，快接近地面的时候，飞船底部的几枚反推火箭会瞬间工作，最终将飞船速度降到 2 米 / 秒。这时，经历生死磨难的宇航员依然需要躺在那里接受最后的冲击。整个降落过程失之毫厘，谬以千里，宇航员能否顺利被找到又是一个问题。如果他们落在人迹罕至的高山、冰川、海洋和荒漠，就又会面临一次艰苦的磨难。

（图源：NASA）

苏联宇航员列昂诺夫的经历足以说明航天器在地球着陆的难度

1965 年 3 月 18 日，苏联宇航员阿列克谢·列昂诺夫乘坐上升号飞船升空，随后成为第一个在太空出舱行走的人。出舱后，宇航服意外膨胀，他不得不冒着生命危险在太空中放氧气才得以返回。返回舱内后，飞船空气控制系统发生故障，他险些因此昏迷。在返回地面时，控制系统出现故障，飞船偏离预定目标，降到深山老林。飞船落地后，降落伞挂在树上，空调在冰天雪地中开始制冷。列昂诺夫被迫离开，在西伯利亚冰原的狼叫声中熬过一天一夜才被搜救队发现。由于搜救队无法直接救援，他还要从丛林中滑雪数千米出来。早期的宇航员为什么伟大，相信大家应该有所了解。

航天器返回地球尚且如此困难，在火星降落的难度更是夸张。先不提未来的载人登陆火星，即便是无人探测器登陆火星，也要经历比地球更加恐怖的生死时速。

7分钟“死亡”窗口

火星引力小于地球，大气更稀薄，着陆器可以像在地球着陆一样利用空气阻力和降落伞减速。着陆器冲进火星大气时速度很大，这意味着摩擦会产生巨大热量，快速产生的热量不断在着陆器表面积累，达到惊人的 2100 摄氏度（好奇号火星车降落时）。由于火星大气稀薄，大气阻力和降落伞的减速作用有限，减速效果根本不够，着陆器必须像在月球着陆一样依靠自身产生的反推力。此外，火星距离地球最近的距离也在 5000 万千米级别，这意味着有将近 6 分钟的往返通信延迟，还要考虑到着陆时地球与火星的距离和二者转动造成的遮挡，实际时间远大于此。这跟地球和月球之间仅 2 秒多的通信延迟比起来，可谓有天壤之别。全部登陆过程不可能由地球上的工作人员人工控制和监测完成。

着陆器进入火星大气边缘，到最终在火星着陆，只有大约 7 分钟时间（与着陆区域地形和高度有关）。在初始阶段，所有着陆器 / 火星车的着陆过程都比较相似，这里以好奇号火星车为例进行说明。

靠近火星：包裹得严严实实的着陆器抵达火星附近。在此期间，着陆器保持与地球的联系，最后确认每个系统工作正常。

着陆器分离：对于同时有轨道器和着陆器的任务（苏联火星 2 号 /3 号），两者在此之前要完成分离。好奇号没有轨道器，它有一个与地球通信、提供动力和支持的模块需要脱离。此后，好奇号“失联”，必须自己走下去。

调整姿态：着陆器飞到火星上空 131 千米处，开始向着陆目标进发，利用喷气发动机严格控制着陆轨迹。计算机开始计算以目前角度入轨产生的热量：如果热量过高，就会超过隔热层能够承受的极限；如果热量过低，探测器就会滑入深空。

冲进大气：调整角度后，着陆器以 5900 米 / 秒的速度冲进火星大气层，长达 7 分钟的“死亡之旅”正式开始。

火与烈焰：在火星表面 45 千米高度处，着陆器隔热层的温度达到惊人的 2100 摄氏度。钢铁会在 1500 摄氏度熔化，此时的着陆器必须依靠复合材料升华来快速释放热量。不过，不用担心，好奇号本身温度仅 10 摄氏度。在这个温度下，人类还要穿毛衣，一点都不热。

大气减速：隔热层与大气疯狂摩擦，产生减速效果，着陆器速度降到 450 米 / 秒左右。

降落伞减速：在距离火星表面 11 千米时，高 50 米、直径 15 米的巨大降落伞打开，这是人类在其他行星上用过的最大降落伞。降落伞打开时，瞬时阻力相当于 29.5 吨重量，着陆器受到了自身重量 10 倍左右的冲击力。

抛离隔热层：在距离火星地面仅 8 千米时，空气摩擦对着陆器已经不再是挑战了，光荣完成任务的隔热层被抛离。在过去几十秒内，隔热层经历 2100 摄氏度的洗礼，已烧得不成样子。

雷达工作：在抛弃隔热层 5 秒后，露出来的雷达开始工作。雷达需要时刻紧盯目标着陆区域，各种传感器严密监测着陆器的工作状态，监测着陆地区与计划目标的匹配程度，以便让计算机做出调整。这些设备工作速度慢的话，着陆器可能直接坠毁。

降落伞脱离：用降落伞继续减速 75 秒后，着陆器的速度降到 90 米 / 秒。以这个速度跑完百米田径赛跑只需 1.1 秒，但已经比刚开始的 17 倍声速好很多了。巨大的降落伞在完成任务后带着上部保护层脱离着陆器，剩下的旅程靠着陆器自己完成。

别着急，最精彩的部分刚刚开始。

三大着陆方案

抛离降落伞后，着陆器便进入最终降落的状态。早在 1971 年，苏联火星 2 号

（图源：NASA）

好奇号着陆过程包括 1000 多个动作，需要在 7 分钟内精准完成

（图源：NASA）

被严密保护的好奇号冲进火星大气

挑战火星着陆任务，结果失败。在历史上，有 11 个火星着陆器没有到达火星或者着陆失败（火星 2 号、火星 6 号、火星 7 号、福波斯 1 号、福波斯 2 号、极地登陆者号、深空 2 号、“火星 96”、福波斯－土壤号、小猎犬 2 号、斯基亚帕雷利号），有 9 个火星探测器（火星 3 号、维京 1 号、维京 2 号、探路者号、勇气号、机遇号、凤凰号、好奇号、洞察号）成功着陆。根据着陆器任务的不同，科学家总结出了三种无人火星着陆方案。

方案一：直接火箭反推

抛离降落伞后，着陆器依靠底部强大的反推火箭开始减速。在着陆过程中，着陆器底部的雷达、激光和各种传感器等辅助系统开始工作，需要仔细检查地面情况，避开乱石堆、斜坡、沟谷等特殊地形，否则由于着陆点选择不当而可能导致任务失败。

由于有巨大的燃料罐和反推火箭，各种传感器只能安装在底部，着陆器几乎不可能有多余空间用来安放悬架结构和轮子。燃料罐和反推火箭没有办法在着陆前脱离，对移动的火星车而言，它们成为毫无意义的负担，不断浪费火星车最为宝贵的能量。此外，以这种形式着陆的着陆器必须增加着陆架的高度，以减少着陆最后阶段燃气喷到干燥地面时形成的巨大沙尘对科研设备的影响。另外，着陆架要足够重，以降低着陆器重心、提高安全性，而科研设备却会因此有所牺牲。从理论上讲，可以将一个小型火星车放在着陆器内部，成功着陆后将其释放，类似中国探月工程嫦娥 3 号 /4 号着陆器和月兔号 / 月兔 2 号月球车的关系。不过，以这种形式释放的小型巡视器功能会相对简单一些。

优点：适合各种重量的着陆器，安全系数最高。

缺点：只能定点着陆或释放小火星车（潜力），对着陆区域地形要求极高，设备受限。

成功案例：火星 3 号、维京 1 号、维京 2 号、凤凰号、洞察号。

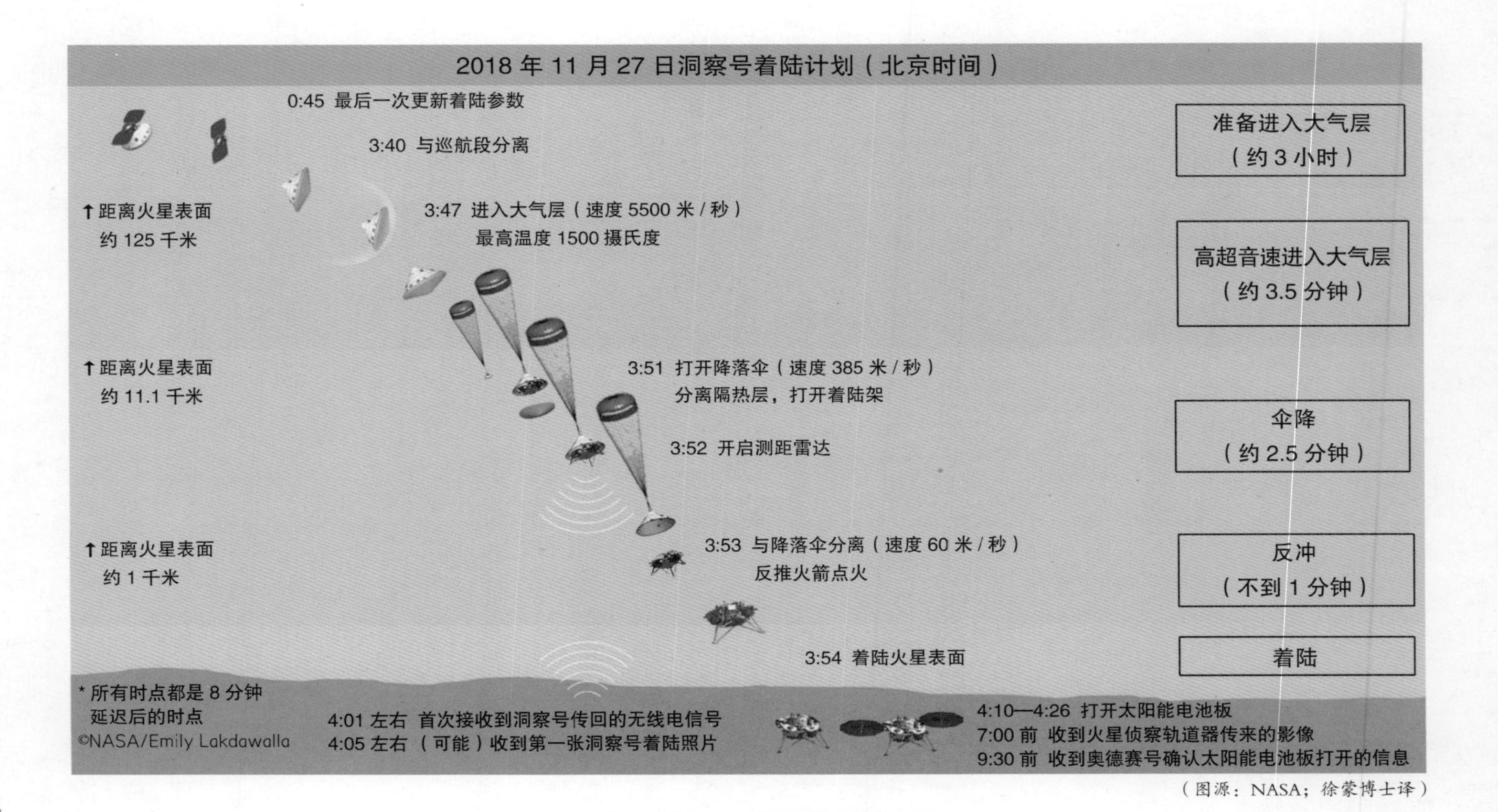

（图源：NASA；徐蒙博士译）

洞察号着陆采取的反推火箭着陆方案流程图

方案二：火箭反推 / 气囊弹跳

在抛离降落伞后，着陆器依然采取火箭反推方式进行减速，悬停在空中，等待确定着陆地点。在最后阶段，着陆器又分成两个部分，一部分包括反推火箭和燃料罐，另一部分将火星车折叠后牢牢包裹在巨大气囊中。确定好着陆区域后，着陆器保护系统会将气囊弹出并用绳索牢牢吊住，缓缓下降。在释放命令下达后，绳索断掉。气囊在距离火星地表数米处被释放，在地面经过多次弹跳后稳定下来。巨大的气囊内部有平衡设备，能保证在气囊停下来后，折叠的火星车跟地面保持正确姿态。随后，气囊打开，火星车缓缓展开，从里面驶出。这种技术适合质量中低的单火星车任务。但是，毫无疑问，使用气囊肯定有极限，如果气囊重量太大，着陆器就会有坠毁的可能。

（图源：NASA）

火箭反推与气囊弹跳着陆方案

（图源：NASA）

使用气囊降落的探路者号进行地面测试。相比折叠后仅仅几十厘米高的着陆器，高达数米的气囊体积惊人

优点：适合释放可移动的火星车，对着陆区域地形要求难度中等。

缺点：气囊能力有限，只能释放重量较轻的火星车，科研设备同样受到限制。

成功案例：探路者号 / 旅居者号组合、勇气号、机遇号。

方案三：空中吊车

目前只有好奇号使用过这个方案。这种方案同样将着陆器分成两部分，其中一部分是一个有 8 枚强力反推火箭的空中吊车。在下降过程中，空中吊车将好奇号保护在中心位置，随后将好奇号释放出来，悬挂在空中。好奇号被三根长达 7.5 米的尼龙绳和一根负责信号和控制指令传输的“脐带”电缆连接。随着高度降低，好奇号的动力系统和 6 个直径半米的巨大轮子逐渐展开，好奇号底部的传感器不断通过“脐带”向空中吊车报告实时状况。

在空中吊车操作下，好奇号缓慢地靠近地面。最后，当火星车感应到完全接触到地面后，尼龙绳和电缆将会在瞬间被切断。随后，空中吊车会用尽所有能量飞向远处，最终坠毁。重量近乎勇气号和机遇号 5 倍的好奇号就是这样成功来到火星表面的。

要知道，这相当于把一辆家用小轿车从迪拜塔上扔下来，中途启动空中吊车（空中吊车启动时，好奇号的运动速度高达 90 米 / 秒，距离地面数百米），在短短几十秒内将其与地面的相对速度减到几乎为零。由于火星车上有精密仪器，对冲击力的耐受程度非常低，相当于家用轿车的报警系统也不能被触发，降落难度可想而知。而“火星 2020”任务的空中吊车还将被进一步改进，可以规避风险，选择最优路径，将火星车放到理想地点。如果说好奇号的空中吊车可以将火星车从迪拜塔安全“扔到”地面，“火星 2020”的空中吊车则可以将火星车精准“扔到”某个停车位。

优点：可释放重量和体积较大的火星车，火星车不必折叠，对着陆区域要求较低。

缺点：技术难度最高，依然存在重量上限，好奇号 900 千克已接近极限。

成功案例：好奇号。

（图源：NASA）

好奇号在降落过程中使用“空中吊车”

空中吊车是复杂的火星车着陆的最佳方案，但无法完成未来的载人任务中数十吨重的着陆器的释放。针对未来的载人登陆火星任务，着陆器直接用火箭反推和内部装有火星车才是最可行的方案。

目前，人类在火星表面留下了很多痕迹，但都止于无人探测，而且难度极大。到了载人征服火星阶段，一切将大大不同。将载人登月与载人登陆火星做对比，月球引力比火星引力小，完全没有空气，能与地球几乎实时通信，所以载人登月难度大大低于登陆火星。目前仅有美国实现载人登陆月球，登陆时使用的是一个重达15.3吨的登月舱；全世界没有其他国家能够做到，50年后也是如此。

载人登陆火星的难度远高于载人登陆月球。人类现在仅实现了让无人探测器在火星登陆。下一章的载人登陆火星完全属于设想，大家共同来疯狂“脑补”一下。

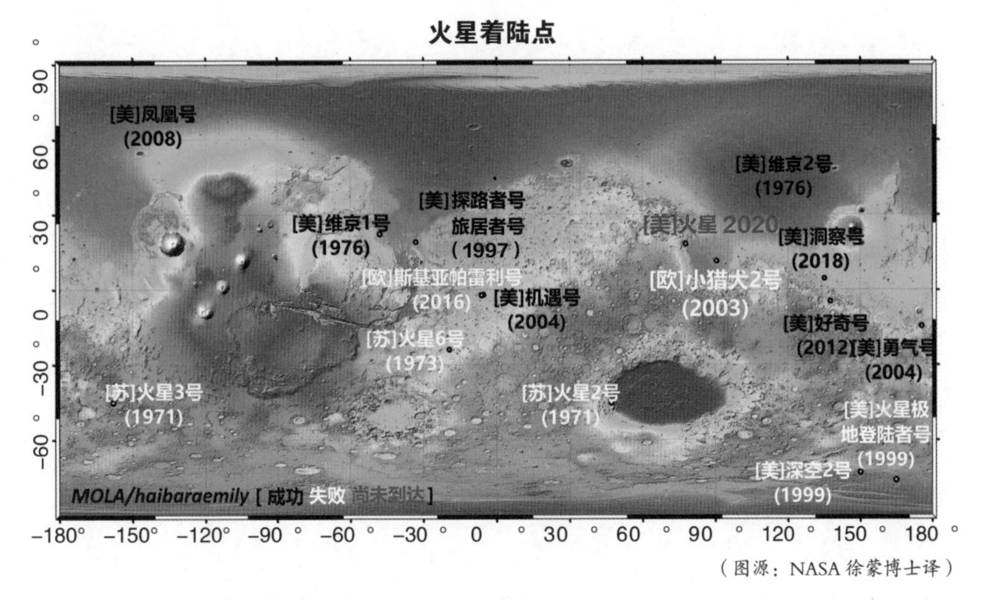

（图源：NASA 徐蒙博士译）

人类探测器已经和将要在火星上留下痕迹的着陆地点

第八章

载人飞船怎么登陆火星

（图源：SpaceX）

梦中的星辰大海和真实的星际旅行无疑区别巨大。人们能够在各种以航天为主题的虚构作品中得到满足，如果有机会去太空亲身体验，相信没有人会拒绝。但是，梦幻和现实的差距非常大。在月球探测竞赛中，只有到了载人阶段，才是万人空巷的高潮。对于探测火星而言，也是如此。

笔者想在这里说一句会让很多人失落的话："限制人类航天事业未来发展的，恰恰就是人类本身。"这种挑战既发生在20世纪六七十年代，也发生在今天的航天探索中。

载人航天很难，载人前往火星，更是难上加难。但是，正如美国总统肯尼迪在阿波罗飞船登月前说的那样，不是因为简单，而是因为很难。本章将带领大家，基于现有航天技术和短期内可能有突破的技术，克服各种困难，"飞上"火星！

重型火箭

离开地球，再次成为第一步。

宇航员的存在使着陆器的生命保障系统占比大幅增加。如此一来，传统火星探测器几吨的重量级别已远远不够，需要更重的飞船甚至大型空间站才能完成一次复杂的火星载人登陆任务。正如阿波罗登月计划必须依靠强大的土星5号火箭，载人登陆火星的首要目标就是研制超强的重型火箭。但是，化学燃料火箭有自己的上限：运输大质量探测器进入太空只能依靠大质量火箭，必须依靠有更大推力的火箭发动机。发动机和支撑结构会使火箭整体质量大幅增加，而海量燃料也需要火箭有更大推力起飞。这样下来，重型火箭的体积和质量都将大幅增加，总体推进效率在不断降低。

因此，在现有人类航天技术的基础上，大型载人登陆火星的任务不可能依靠单次火箭发射完成，需要多次发射火箭。这样可以将任务的巨大载荷分布在多次火箭发射中，降低对重型火箭运载能力的要求。从目前情况来看，载人登陆火星任务至少需要和土星5号一个级别的火箭。从运力上讲，火箭需要达到一次性运送约150

吨甚至更大有效载荷进入近地轨道的基本条件。

美国在这方面依然有巨大优势，目前已经研发出新一代重型火箭太空发射系统和与之搭配的载人飞船猎户座，欧洲航天局也将深度参与其中，提供载人飞船的服务（推进）舱。太空发射系统的运载能力将达到传奇火箭土星 5 号的级别，后续版本甚至可能更强；猎户座飞船是史上最先进的太空飞船，返回舱和推进舱总重达到 26 吨，足以支持宇航员前往小行星带进行火星探测。目前二者已经基本测试完毕，将在 2020 年完成总装测试。它们的下一步计划是重返月球，在 2025 年前后首次探测火星，在 2030 年前后冲击载人探测任务，并最终实现载人登陆火星的目标（尚无明确时间表）。这个组合是目前最有机会冲击载人探测火星任务的。

美国在商业航天领域也发展迅速，太空探索科技公司、蓝色起源、联合发射同盟都正在研发类似级别的重型火箭。正如前文所说，这些商业航天公司的发展前景相比美国航空航天局还有一些不确定性，但潜力绝不能低估。在过去十年间，它们的发展已经让人惊掉了下巴，未来需要人们拭目以待。

俄罗斯也在开发下一代联盟 5 型超重型火箭，这种火箭拥有 100 吨以上的近地轨道运载能力，预计在 2025 年前后成型。作为世界载人航天市场的实力玩家，苏联 / 俄罗斯保持了各种载人航天的纪录，如第一位男性宇航员、第一位女性宇航员、第一次出舱行走、世界最长人类太空驻留时间、世界最多的载人空间站等。在 2011 年美国的航天飞机退役后，俄罗斯更是垄断了国际载人航天市场，联盟飞船成为国际空间站的唯一运输工具。俄罗斯宣布会继续研究深空载人探测技术，载人探测小行星和火星也在规划之中。俄罗斯预算有限，但其潜力依然不可低估。

与此同时，中国也在快速崛起。2019 年，中国嫦娥 4 号在月球背面成功着陆，这是人类首次实现这一壮举。中国拥有强大深空探测和载人航天实力，将建造天宫号空间站。在 2017 年公布的航天规划中，中国计划在 2040 年前后多次完成星际往返任务，并探索人机协同深空探测技术。这基本意味着中国将在那时实现在地球与火星之间载人往返，在火星与地球之间载人往返将成为一种常态。

因此，中国必须拥有自己的重型火箭，目标剑指美国的土星 5 号和太空发射系统，那就是未来的大国重器长征 9 号。2018 年的中国国际航空航天博览会（珠海

（图源：NASA）

太空发射系统（上）和猎户座飞船（下）

航展），展示了长征 9 号的初步模型。目前，中国只有长征 2 号 F 型火箭用于载人航天发射任务，现役最强火箭为长征 5 号，它们与长征 9 号的对比如下表所示。我们可以从表中看到长征 9 号的强大。

中国航天三种火箭对比

火　箭	长征 2 号 F/G 改进型	长征 5 号基本型	长征 9 号（预计）
助推器	4 个 /2.25 米直径	4 个 /3.35 米直径	4 个 /5 米直径
芯级最大直径	3.35 米	5 米	10 米
总长度	58.34 米	57 米	100 米
总质量	493 吨	约 870 吨	约 4000 吨
近地轨道运力	8.6 吨	25 吨	约 140 ～ 150 吨
地月转移运力	无	约 8 吨	约 50 吨
地火转移运力	无	约 5 ～ 6 吨	约 40 吨

对于中国的载人登陆火星任务，长征 9 号几乎是运输重型载荷的唯一选择。此外，还需要如长征 5 号这样的火箭执行货运补给任务。在 2018 年的珠海航展中，能够和美国猎户座飞船媲美的中国新一代载人飞船也进行了展示，还有规划中的与之配套的新型载人火箭。这种火箭预计发射时的质量达到 2000 吨量级，近地轨道有效载荷达到 70 吨量级。这几种火箭可以从中国文昌航天发射场发射。中国文昌航天发射场是中国最新的功能最全，距离赤道最近的航天发射场，能够最大限度地利用地球自转赋予火箭的速度，增加火箭运力。可以说，中国的这套组合并不亚于美国的太空发射系统和猎户座飞船。

总体而言，无论美国、俄罗斯还是中国，乃至全世界范围，各国在火星探测中使用的火箭方案都比较接近，依然是使用液氧和液氢、液氧和煤油、液氧和甲烷的化学燃料火箭，这是现阶段的最优选择。前文讲过，在漫长的星际旅行过程中，利用核材料释放可控热能来加热液氢，从而产生稳定推力的核能火箭，以及使用离子电推进技术的火箭，都能够通过优化轨道，更快抵达火星。同时，如果可以巧妙利用太阳光在太阳能电池板上产生的光压，也可以对动力系统起到辅助作用。然而，这些技术暂时只是设想，还没有成熟的可用来推动大型空间站的产品，现役火箭的主力依然是化学燃料火箭。本书主要基于化学燃料火箭展开说明。

载人系统

毫无疑问，在人类航天事业中，载人系统永远是最复杂、最昂贵的。

人类很早就站到了地球生物链的顶端，但人类总体上还是一种比较脆弱的生物。人类生存需要空气、水源、食物、能源，以及合适的温度、湿度、气压和辐射等因素，其中任何一项在太空都是奢侈品。此外，人体一直在消耗各种必需营养物质，同时产生各种对自身有害的物质，人体的“出”和“入”必须非常精细地同时进行。即便基本生命保障可以实现，狭小的空间和长期的孤独感对人心理的影响几乎是无法预测的。此外，载人航天活动一定要将人安全送达目的地，再送回地球。从地球表面出发，穿过深空，降落到火星表面，再返回地球，环境的剧烈变化远远超出普通人想象。无论外界发生什么，对整个系统而言，必须首先保证人类安全。

总而言之，载人生命保障系统的设计极其重要。载人飞船需要额外的生命保障系统、重返地球的保障系统和超高安全系数，这些都是无人探测器不具备的。因此，载人飞船的设计难度远远高于无人探测器。相比无人探测器，载人飞船至少要额外考虑如下因素对人体的影响。

因素一：失重

太空是失重环境，人类一旦进入太空，就会迎来身体的一系列变化。

第一，空间适应综合征。进入太空后，所有物体都会因失重飘浮起来，人也不例外。失重使人无法区分上下左右和东西南北，前庭系统和脑部相关神经就会出现紊乱，表现之一就是无法抑制的晕车般的恶心感。

第二，骨质流失和肌肉萎缩，这是更致命的影响。由于缺乏运动和重力，人类骨骼和肌肉压力骤然降低，两者会被身体认为无用，尤其是肌肉要消耗大量营养。

在这种情况下，人体便会急速流失这两种重要身体结构的组成成分。

第三，体液再平衡。在地球上，由于重力作用，人的体液分布不均匀；在太空中，人的体液就会近乎均匀分布。体液均匀分布的表象是“脸肿了”，但也意味着人体循环系统发生了巨大改变，不容忽视。比如，由于没有重力压迫，宇航员的脚会大量脱皮，变得像婴儿的皮肤般鲜嫩。当然，人也会因为脊柱没有压迫而“长高”。不过，这个“长高”方案实在太贵了，国际空间站的单程票价（俄罗斯联盟飞船）在 2018 年已经涨到了 8100 万美元。

人类只需 10 分钟就能够离开地球表面，进入近地轨道，只需 3 天就可以通过地月转移轨道进入环月轨道。但是，人类需要 6 ~ 11 个月才能通过霍曼转移轨道，进入环绕火星轨道。返回时区别更大，人类几乎可以从近地轨道和环月轨道随时返回，而要从火星返回地球却需要考虑地球和火星的下一个会合窗口。这一等可能就是一年半到两年的时间，所以常规探测火星的时间周期是三年左右。即便通过难度极高的借力金星航线，从火星返回地球总时长也在两年左右。

漫长的太空旅行对人的生理而言将是极大的挑战。到目前为止，仅有 20 世纪 90 年代的苏联 / 俄罗斯和平号空间站有四位宇航员在太空连续工作超过一年时间，工作时间最长的也不过是单次 438 天而已，与一次火星探测任务需要的时间相差甚远。宇航员都是被精挑细选出来的，绝大部分是军人出身，还需要经过极为严格的系统训练。即便如此，他们依然无法对抗失重带来的巨大影响，从国际空间站上返回的宇航员需要一定时间才能完全适应地球环境。因此，不少科幻作品都把人造重力环境作为必备选项。例如，制造旋转机构，让离心力起到重力作用，还有人提出让两个航天器通过连接轴相对进行旋转，以产生重力。这些都符合大众的心理预期。

然而，我们必须泼一盆冷水：任何产生人造重力的方式都必须依靠超大尺寸的机械结构，能量消耗很大，而且对航天器姿态控制要求极高。在现有技术条件下，这是极难实现的。即便有一定可能性，实现这些设想需要付出的代价也是极大的。如果大幅增加成本只是为了解决失重问题，显然很难使载人探测火星的飞船设计方案被批准。这是因为载人探测火星需要考虑的因素实在太多了。

其实，最好的方案是锻炼。这也是在国际空间站和中国天宫实验室中，每位宇航员都在进行的工作。宇航员使用特殊健身器材，每天运动两小时左右，给肌肉和骨骼强加作用力，避免其过度萎缩。这并不能完全解决问题，但在目前来看，没有更好的选择。

对于首批尝试登陆火星的宇航员而言，6 ~ 11 个月的重力缺失是可以接受的。如果采取常规方案，他们可以在火星表面生活 1 ~ 2 年。那里的重力只有地球的 38%，但至少能帮助身体缓慢恢复。此后，他们再经历同样的旅程返回地球。在两

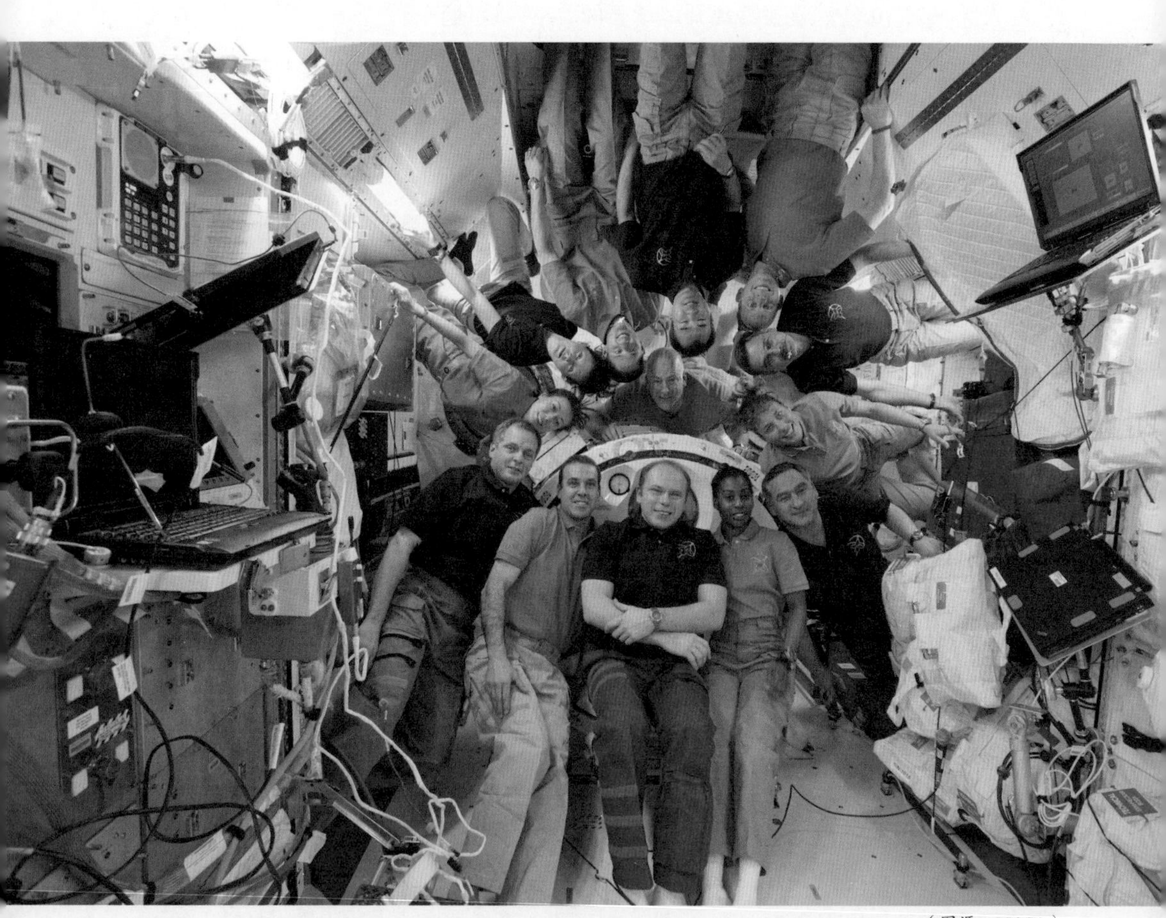

（图源：NASA）

2010 年 4 月 14 日，国际空间站的宇航员短期内
增加到 13 位。从图中可以看出，在太空中不存在上下左右和东西南北的概念

次长期失重的旅程中，人类借助健身器械的帮助足以对抗失重对身体的影响。在借力金星方案中，宇航员仅需在火星停留数天，随后返回地球，失重影响基本能通过锻炼克服。

对于未来的大规模火星移民而言，重力就是一道迈不过的坎了，毕竟不是每个人都有宇航员的强健身体，失重对身体的影响需要认真对待。目前出现在科幻作品中的人造重力方式，还是应当尽力实现。不过，为节省能量，生产人造火星重力即可。

（图源：NASA）

美国宇航员佩吉·惠特森执行过三次太空任务，共计 666 天，
创造美国宇航员的最高纪录。她在太空中的一个重要工作就是运动

因素二：空气

离开空气，人也许只能生存 2 ~ 3 分钟。人在地面上每时每刻都能自由呼吸，但到了太空，空气就成为最宝贵的资源。这不仅是人能否呼吸的问题，也跟气压和气体成分息息相关。水在真空中的沸点逼近 0 摄氏度，这意味着人体内接近 37 摄氏度的体液几乎在瞬间就会沸腾，人的神经和脑部细胞很容易受到不可逆损害而死亡。当然，由于人体皮肤组织的束缚和压力，这种现象不会立即发生，但也最终难逃厄运。而且，人只能呼吸氧气，身体已经适应了地球大气中氧气占比 21% 的环境，氧气含量过高或过低都有害。人需要的空气必须在火箭发射前就全部准备好。

早在人类航天探索之初，航天科学家决定使用低压纯氧环境，这样可以减轻探测器重量，但现实让他们受到沉重打击。1961 年，苏联年龄最小的宇航员（23 岁）瓦连京 • 邦达连科在纯氧舱环境中测试时突遇火灾，被活活烧死。他本来很有希望成为第一个进入太空的人。一个月后，尤里 • 加加林成为世界上第一个进入太空的人。1967 年，阿波罗 1 号三位宇航员在地面测试纯氧舱时，因突发火灾牺牲，否则极有可能成为第一批踏上月球的人。毫无疑问，纯氧方案很快就被放弃了。

（图源：NASA）

三位阿波罗 1 号宇航员，他们为阿波罗登月计划付出了生命代价

因此，1973 年的天空实验室是含有 75% 的氧气和 25% 的氮气的低压环境，但这并不是最佳方案。后来的国际空间站选用和地球几乎相同的空气环境和标准气压，最大限度地减少了宇航员适应的难度。目前，国际空间站几乎做到了完全回收空气，但依然需要生命保障系统定期电解水，以获得氧气补充。这还远远不够，货运飞船会定期将巨大的氧气瓶送到空间站，以备不时之需。除此之外，人体也在不断产生二氧化碳、氨气和硫化氢等有害气体，空间站的设备和进行的实验也会产生一些有害气体，这些都需要空气循环系统除去。

火星载人飞船的任务周期更长，即便没有复杂的科学实验，宇航员对空气的消耗就已经是相当大的挑战了。这意味着飞船内需要保持类似地球的大气环境，所需氧气和其他空气成分必须事先准备，几乎不可能中途补充，而且必须有足够的备份空气，对空气实现近乎 100% 的循环利用。要达到目标，需要完善空气回收和氧气再造系统，还可以利用植物生产部分食物，并释放氧气。

因素三：饮食

民以食为天，饮食对于未来的载人探测火星，乃至向火星移民，都是极其重要的问题。人类是温血动物，需要消耗大量能量维持体温，而人类颇为自豪的脑部及神经活动更是消耗了人体所需能量的三分之一左右。即便人类在太空中不用消耗大量体力，额外脑力消耗所需能量也颇为惊人，为此必须满足宇航员对食物的需求。

人类每天平均消耗能量在 2000 千卡左右，这基本意味着干重 1 千克的各种食物需求。目前来看，实现这个目标并不困难，因为太空食品开发已经非常成熟。例如，在中国载人航天工程中，航天员景海鹏吃到了山西老陈醋，中秋节时大家一起吃月饼，这种新闻已经屡见不鲜。除了在地球上准备食物之外，目前似乎还没有更好的办法，国际空间站和天宫二号空间实验室也只是在做种植蔬菜等早期尝试。总体而言，航天活动需要的食物只能依靠巨量储备。

在载人探测火星活动中，由于任务周期超长，人类必须稳定摄入蔬菜等新鲜农作物，以满足身体需求。这是人类从大航海时代获得的宝贵经验：那时的船员动辄在海上漂浮数月，很难吃到新鲜蔬菜，因而大量患上败血症，其中重要原因就是缺乏维生素 C 和相关微量元素。因此，在飞船上设置大规模的蔬菜种植舱是必需的，除提供食物之外，还可以将二氧化碳转化为氧气，将人类有机排泄物作为肥料，还能为面包虫、大麦虫等简易动物性蛋白提供养料，可谓一举多得。

对饮用水的处理相对简单。人类每天对水的需求量在 2 升左右，水在国际空间站已经基本实现了回收利用。对于未来更先进的火星飞船而言，实现接近 100% 的水资源循环利用，也是一个可行目标。

对未来的火星探测任务而言，如果是三位宇航员执行长达 1000 天的任务，对食物和水源的总需求将是人均 1 ~ 2 吨，这并不是很夸张的数据。为保险起见，在多个舱段备份食物，在火星飞船自产一定食物，在火星表面或轨道上提前补给甚至进行备份，这些似乎都是必需的。这是因为，当出现电影《火星救援》中宇航员挨饿的场景时，不是每个人都和电影主人公一样是植物学家，能够维持自己的基本生存。

然而，新鲜肉类、水果等食物将成为奢侈品，只能辛苦这些执行长期任务的宇航员了。

（图源：NASA）

宇航员斯科特・凯利在国际空间站展示新鲜水果

因素四：能源

目前在太空探索中常用的能源有三种：（1）电池。例如，在阿波罗登月计划中，月球车使用一次性银锌氢氧化钾溶液电池，登月舱使用氢氧发生反应产生电能和水分的化学燃料电池。这些电池的能量越用越少，适合短期任务。（2）太阳能电池板适用于有较强太阳光照的区域，它能够长期运行，价格低廉。（3）放射性同位素发电机（核能）适用于太阳能匮乏的区域，能够长期运行，价格昂贵。

对于地球到火星的旅程来说，依然处于太阳系内阳光比较充足的区域。虽然阳光会随着距离增加变弱，但此前探测已经证明在火星附近（甚至表面）依然可以利用太阳能获得足够的电力，甚至在更加遥远的木星工作的朱诺号也能够使用太阳能电池板。火星探测任务周期比较长，毫无疑问，取之不尽的太阳能将是动力方面的最优选项，同时配备一定的氢氧化学燃料电池来应急和产生水分。在使用太阳能方面，最佳样板莫过于国际空间站了。它有巨大的太阳能电池板，每块都有 12 米宽、35 米长，共计 4 组 8 块。这些太阳能电池板在同时工作的情况下功率最大可以达到 120 千瓦，大大超过阿波罗飞船登月时服务舱使用 3 块 110 千克重的燃料电池的 4.2 千瓦。相比之下，前文提到的火星车产生的能量实在微不足道了。在前往火星的载人任务中，也许 2 ～ 4 组太阳能电池板就能产生足够飞船需求的电能。

此外，太阳能还可以转换成植物生长所需的光能。在密封的航天器中，植物不可能直接依赖太阳能生长，而必须基于人造多光谱的 LED 灯光环境，现代农业技术已经证明这是一种更加节约能量的使植物生长的方式，电能可以变相转换为人类所需食物。为让飞船尽量加速进入或离开霍曼转移轨道，乃至进行姿态调整，飞船依然需要一定的化学燃料。如果采用离子电推进方式，飞船会在巡航阶段补充动力，降低对化学燃料的需求，而离子电推进消耗的电能也可以由太阳能补充，这是美国航空航天局下一步规划的“月球门户”空间站的设计方案。

不仅如此，利用太阳风产生压力的太阳帆也可以用于星际旅行，尤其是作为太阳系内远离太阳的短途旅行的动力，这也是航天界这些年最火热的科研项目之一。在太空旅行中，航天器可以借助太阳帆的微弱推力，降低对化学燃料的消耗。在传

（图源：NASA）

国际空间站现状，最显眼的就是太阳能电池板

（图源：Andrzej Mirecki）

2010 年，日本宇宙航空研究开发机构（JAXA）进行了伊卡洛斯（IKAROS）
太阳帆“星际风筝”实验，可以从太阳光获取能量

统化学燃料和电推进方式之外大量使用太阳能，可谓星际旅行的不错选择。

因素五：辐射

宇航员还需要考虑其他危险因素：太阳风和宇宙辐射。人类在地球表面生存时，连被稠密大气“过滤”的紫外线都无法忍受，如在太阳下暴晒。在400千米的高空中，阳光和其他宇宙射线的影响会暴增，它们的危害远远超过紫外线，足以击破和电离空气分子。幸运的是，强大的地球磁场屏蔽了绝大部分辐射，将其屏蔽在离地球更远的地方；宇宙辐射有限的影响被引到地球两极附近，那里的高空空气被宇宙辐射电离而形成美丽的极光。因此，国际空间站能够稳定运行在400千米高这个区域，如果更远就非常危险了。例如，阿波罗登月计划的一个重要挑战就是飞船跨越“范艾伦辐射带”，那里的辐射强度远超地球附近。

太空环境变幻莫测，地球附近宇宙辐射突增产生的能量也可能非常惊人。2011年，俄罗斯和中国联合开展福波斯－土壤号火星探测任务，探测器控制芯片受到超强电磁影响发生故障，结果导致任务失败。强大的宇宙辐射轻易穿过了地球磁场，如果当时有人在里面，会有什么可怕结果不得而知。在地球磁场保护范围之外，太阳风和宇宙射线开始肆无忌惮地四处流窜，它们会轻松袭击探测器和载人飞船中的人类。

在宇宙辐射面前，人类是非常脆弱的。美国航空航天局进行过一次著名的实验，实验对象是双胞胎宇航员斯科特·凯利和马克·凯利。自2015年3月27日至2016年3月2日，斯科特在国际空间站工作了近一年时间，这个超长的工作时间是美国航空航天局特意安排的，而他的兄弟马克早在2011年就已经退役。斯科特返回地球后，研究人员对他和马克的身体状况进行了长期跟踪，发现斯科特的“基因表达”在太空中发生了变化，仅有91.3%很快恢复到正常水平，其余部分在6个月内都没有完全恢复过来。

需要注意的是，基因表达发生变化并不意味着基因被改变。例如，人在生活环境发生变化的时候，甚至在运动健身后都会发生基因表达变化。这次实验被不少媒体错误报道成“宇航员8.7%的基因被太空辐射，发生永久改变”。要知道，人类和身边常见的哺乳动物之间基因的差距都未必有这么大，这些报道可谓闹了个大

（图源：NASA）

美国宇航员马克·凯利（左）和斯科特·凯利（右）

笑话。

斯科特和马克只是一个实验案例，并没有足够的统计学价值。但是，这个实验结果还是提醒我们，太空生活环境对人的身体有比较大的影响。宇航员在近地空间站生活一年尚且如此，未来动辄数年的火星探测又会发生什么呢？而辐射会增加生物基因突变的概率也是不争的事实，这也是空间农业育种技术的基础所在。

为防患于未然，在阿波罗登月计划中，所有载人飞船都有非常严格的防辐射措施，防护程度远远高于当时执行近地空间载人任务的双子座飞船。宇航员踏上月球表面时，甚至要穿上 82 千克重的登月服，所幸月球表面重力很小，宇航员只能感受到相当于地球上 14 千克的重量。2008 年 9 月 27 日，中国航天员翟志刚穿着 120 千克的“飞天”舱外服进行了太空行走。宇航服要能够抵抗太空强辐射的影响。所幸宇航服只是在太空失重环境下使用，否则地面上没有几个人能穿得起来。

在未来的火星飞船上，对宇航员进行更多辐射防护是必需的。目前，无论美国猎户座飞船还是中国新版载人飞船的设计，都充分考虑了这个需求，使用大量轻便高效的复合材料制造宇航服，能以较高性价比满足这一需求。因此，这已经不是一个大问题了。

因素六：乘组

在技术问题得到解决之后，还有一个极其重要的问题：乘组成员。

在进行航天探索的早期，世界各国无一例外选择军人作为宇航员主力。这是因为他们身体素质好，绝对服从命令，应对特殊挑战能力强。随着航天事业的持续发展，世界各国开始招募工程师、医生和科学家进入宇航员队伍。航天活动已经从早期工程技术验证进入实际技术利用时期，专业技术人员的价值也越来越高。

杨利伟在2003年进入太空之后，中国成为仅次于俄罗斯和美国的第三个掌握载人航天技术的国家。正如苏联和美国的早期安排，中国现有的航天员都是现役军人。在2017年公布的第三批航天员招募计划中，中国开始招募一定的技术专家和科研人员，他们被叫作载荷专家。

可以想象，在未来的火星之旅中，不仅需要职业军人作为正副指令长/船长，还需要工程师负责技术问题，医生负责船员身体和心理健康问题，地质专家负责火星表面探索问题，生物学家负责船上生命保障系统和火星生物研究问题。或许有人能够身兼数职，但小组成员必须满足多种任务需求。太空旅行漫长而又单调，从心理因素讲，团体组队方式是最佳方案。

按照美国目前的火星探测计划，一艘猎户座飞船能够容纳6人，他们的任务各不相同。在极简情况下，团队人数可以减至3人。在重量计算精确的太空飞船里，每个人都有特定价值，他们也是人类中的佼佼者。可以预见，随着火星探索时代的展开，飞船容量将会大大增加。例如，太空探索科技公司提出了一个可以容纳100～200人的飞船设计方案，这种飞船就是一个社会，有各行各业的人，他们一起成为未来人类历史的创造者。

总而言之，人类必须依靠复杂的载人飞船才能前往火星。为了对飞船提供支持，势必要建立一座小型空间站。人类在现有技术下，有足够能力设计出载人空间站来

（图源：NASA）

1998 年 10 月 29 日发射的美国航天飞机（STS–95）共有 7 名宇航员。前排两位是飞船驾驶员和机长（指令长），主要负责驾驶和控制航天飞机。后排有三位是任务专家，主要负责生物科学实验和与太阳风/宇宙辐射相关的科研活动，其中一位是欧洲航天局的宇航员。另两位是载荷专家，一位是日本女宇航员，另一位是大名鼎鼎的约翰·格伦。1962 年，约翰·格伦成为第一个进入环绕地球轨道的美国宇航员。在这次任务中，他是“载荷”，用以研究太空环境对一位 77 岁老人的影响

满足载人火星探测的需要。在实践中，科学家正在朝这个目标努力。前往火星的一个重要跳板是重启月球探测，进行技术积累，为火星探测活动做准备。美国航空航天局已经立项的“月球门户”正是为此而生，这个空间站将在 2024 年前后完成，长期环绕月球。

“月球门户”采取多舱段结构设计，依靠太阳能供应能量，依靠大型离子电推进系统维持轨道和变轨，依靠定期货运飞船进行补给。它能够与猎户座载人飞船对接，执行载人登月任务，是理想的载人前往火星的空间站雏形。未来的火星探测活动势必在它的基础上进行。例如，增加更大的霍曼转移轨道推进模块、火星轨道入轨制动推进模块，以及更复杂的舱段和火星登陆模块等。不管怎样，人类正在往前

（图源：NASA）

“月球门户”构想图

跨越迈向火星的一小步。

火箭和空间站介绍完毕，我们开始研究如何前往火星。

前往火星

在前往火星前，我们先以月球为例讨论载人登陆火星方案，帮助大家对载人深空探测任务有基本了解。

载人探月四大方案

早在阿波罗登月计划之前，科学家和工程师们为征服月球提出了很多方案，其中主流的方式有四种。

1. 直接降落月球

这种方式采用直来直往的技术路线：用一枚超重型火箭将飞船直接送出地球后，飞船直接降落月球表面并返回，没有太空交会对接过程。那时，人们对两个航天器交会对接一无所知，有巨大的技术风险。从飞行控制和技术难度上讲，这种方案最简单、风险较低，但单个飞船重量很大，达到 80 吨级别；相比而言，历史上真正使用过的阿波罗飞船仅 45 吨左右。这意味着，土星 5 号这种 3000 吨级别的火箭远远不能满足发射需求，美国航空航天局计划研发更大的火箭“土星 C8”，它的重量逼近 5000 吨，技术难度大幅超出当时的能力上限。但是，直到 2019 年，人类都没有再次造出如同土星 5 号一样强大的火箭，这种方案最终被放弃。

2. 在月球表面集合

这种方式将登月任务分解为两次。第一次将携带大量燃料的无人探测器送上月球表面，第二次将载人飞船送到月球附近，宇航员乘坐先前到达的无人探测器返回或将燃料从无人探测器转移到载人飞船。这个方案的优点在于，可以降低对飞船重量的要求，也就是对运载火箭发射能力的要求。它的缺点在于，两次降落月球难度过大，如果载人飞船不能精确降落到预定地点，将无法返回。此外，在月球表面长期存放燃料和转移燃料都极其困难，这个方案很快也被放弃。

3. 在地球轨道集合

通过数次发射小型火箭将飞船模块送到地球轨道附近，再将模块组装成飞船。飞船可以直抵月球降落，完成任务后再起飞返回地球。这种方案对单次运载火箭发射能力的要求最低，甚至无须使用土星5号级别的火箭。它的缺点在于，需要多次使用小型火箭，甚至超过10次。这种方式需要多次在地球附近完成探测器交会对接，难度较大，但总体而言，性价比很高。不过，随着重型火箭土星5号的出现，这个方案也很快落败。

4. 在月球轨道集合

飞船被整体送到月球轨道，登月模块和轨道舱（返回舱）/推进舱组合体分离。在登月模块着陆月球后，其载人部分——上升级——将返回月球轨道，与轨道舱再次对接，随后被抛弃，轨道舱和推进舱返回地球。这个方案的难度在于月球附近的交会对接，那里远离地球，很难预估风险。总体而言，这个方案用一枚土星5号火箭即可完成，登月模块属于可扩展部分。这意味着美国航空航天局有更多的太空竞赛空间：如果最终不去登陆月球，它可以单独完成载人环绕月球任务；如果确定登陆月球，就可以研制登陆模块。此外，这个方案还有一个很大的优点：在携带拥有推进能力的登月模块时，登月模块可以作为核心推进系统的备份，相当于太空救生艇。1970年4月，阿波罗13号飞船前往月球时，主推进舱发生小型爆炸事故，导致飞船失去动力，轨道舱停止工作。在紧急关头，还未执行任务的登月模块拯救了三名宇航员，为他们提供了动力和生存的空间。

月球距离地球只有38万千米，重力小，没有大气。如果前往遥远的火星，难度就会陡然增加，上述方案就要完全重新评估。如果目标是载人登陆火星并返回地球，在笔者看来，在现有技术下，直接降落的方案依然不可取，必须将三种

（图源：NASA）

阿波罗飞船组合体，最终只有返回舱（轨道舱）返回地球，登月舱下降级留在月球表面，登月舱上升级和飞船服务舱被抛弃

方案组合起来才能完成载人登陆火星任务。这就是“地球轨道集合 + 火星轨道集合 + 火星表面集合”的方式，大致有如下步骤。

火星探测步骤一：地球轨道集合

现在，人类火箭依然被牢牢限定在化学燃料火箭的水平，用核能推进的安全性仍被质疑，离子电推进等技术只能用于火箭末级或其他小推力应用环境，无法产生巨大的推力，让火箭摆脱地球的强大引力。而且，火星探测必须考虑时间窗口，人类还不能随意缩短这个动辄近三年的时间周期。这意味着，通向火星的巨大空间站必须在地球轨道附近组建完毕，在备足燃料后才能择机出发。在出发时，空间站必须利用强大的化学燃料推进模块。空间站可以具体分为以下几个部分。

A. 主生活舱和能源动力模块

这里是执行载人探测火星任务的空间站的核心生活区域，在环绕火星时有保持轨道的能力。这个部分可以用火箭结构改造而来，一个典型的例子是美国航空航天局的第一个空间站——天空实验室，它由土星5号火箭的第三级改造而来。1973年5月14日，美国用一枚土星5号运载火箭将巨大的天空实验室送入太空。天空实验室重约80吨，内部体积达到368立方米，相当于一所120平方米的房子。实际上，它是用火箭改造的，并不是理想方案，有个单独舱段设计得过大，一旦发生火灾，就会将所有宇航员置于险境。有阿波罗1号火灾事故的前车之鉴，天空实验室对防御火灾极其重视，首次大量应用了烟雾报警器，这一技术后来逐渐进入民用领域，造福千家万户。

这个方案的容纳空间有限，需要更多的较小的生活舱段作为冗余系统，用节点舱对接是更加理想的方法。因而，可以将这部分设定为一个类似阿波罗飞船的结构：一半为能源与动力模块，总重25吨，可使用“月球门户”的离子电推进方案，携带数吨惰性气体作为燃料，供环绕火星阶段使用，足够空间站在火星轨道运行十余年；另一半为主生活和工作舱段，总重25吨，为宇航员提供生活和工作支持，同时作为主要信号中继舱段，类似此前的火星轨道器，能够与地球通信，带有对接口，用以对接下一个节点舱。

这个系统总重50吨左右。在未来十年内，中国、美国、俄罗斯将有长征9号、太空发射系统和联盟5型等火箭可以完成发射任务，甚至太空探索科技公司的猎鹰重型火箭都有能力发射一个50吨级的两段式组合舱进入近地轨道。用大型火箭两次发射，在空间交会对接的方案也是可行的。例如，现役长征5号、德尔塔4重型和猎鹰重型火箭均可完成任务。

B. 节点舱和其他舱段

这部分将是空间站主要的功能区，包括节点舱、实验舱、气闸舱、生活舱、能

（图源：NASA）

天空实验室最后一次执行对接载人任务时，从载人飞船拍到的空间站全景

源舱等构件或它们的结合体。与“月球门户”小型空间站方便地球补给不同，这部分有必要设计为稍大的类似和平号空间站的结构，最大限度地围绕节点舱设置多个舱段。和平号的最大特点是模块化，这意味着空间站需要在近地轨道用集合的方式建设，降低了每次航天发射的载重需求。

火星探测用的空间站可以基于和平号的模块化设计理念进行改进。节点舱（10 吨级）用以对接提前发射的主生活舱，剩余的 5 个泊接口有以下作用：一个主要用于对接火星登陆载人飞船（40 吨级）；一个用于对接能源与实验舱（15 吨级），实验舱带有大型机械臂和外部维修平台（5 吨级）；一个用于对接充气式生活舱段（10 吨级）；一个用于出舱行走的气闸舱，同时兼有部分实验舱功能（10 吨级）；一个常备，用于对接货运飞船和新载人飞船（暂不使用）。B 部分结构的总体重量在 90 吨左右，节点舱、4 个小型舱段、外部太阳能帆板、维修平台、机械臂等总重 50 吨，火星登陆载人飞船模块重约 40 吨。发射后，它们与空间站 A 部分进行组合，部署在 400 千米左右高度。这里大气稀薄，适合较长时间维持轨道，国际空间站和中国天宫空间实验室都位于此。

因此，前后总共要用中型和大型火箭进行四次发射。首先，用节点舱对接此前发射的主生活舱。其次，分别对接实验舱、气闸舱和充气式舱段。在调试阶段，可以多次发射货运飞船进行补给，发射载人飞船进行在轨维持。每次载人任务有三名宇航员，调试全部系统，包括安装实验舱设备，安装机械臂和外部维修平台，获取

（图源：NASA）

发现号航天飞机在与和平号空间站对接时拍下的和平号（1998）

货物，扩展设置气闸舱。

最后，利用大型火箭完成载人登陆火星飞船的发射，此时并不需要乘组人员。它的形式类似完整的猎户座飞船和中国新版载人飞船，此外还包含一个火星登陆推进模块。这个登陆模块在飞船离开地球和进入火星轨道时并不工作，但带有足够脱离火星轨道的燃料，作为宇航员紧急逃生的备用设施。在决定执行登陆任务后，飞船在最后阶段可以用动力反推方式在火星登陆。同时，剩余燃料足够返回舱在火星轻装上阵，再次发射，将必要的登陆模块和宇航员送回环绕火星轨道。

在经过组合后，能源舱与实验舱同样具有太阳能电池板，可以在主生活舱之外作为能量来源（太阳能电池板）的备份。实验舱配备大量科研设备，主要用于空间天气研究、天文探测和抵达火星后进行科研活动。可扩展充气式生活舱可用来生活和存储物品，如大规模种植植物，也能提供部分能源或者与地球进行通信。气闸舱和辅助的外部维修平台、大型机械臂可进行出舱作业，捕获载人 / 货运飞船，安装舱段，对空间站进行维护。

在建成 A、B 两部分后，空间站已经变成一个 140 吨左右的巨无霸，主生活舱、副生活舱和载人登陆飞船都可以提供生活区和一定能量来源，另有实验舱、气闸舱等辅助舱段。此时最大的难度在于，如何让它在短时间内迅速脱离地球引力切入地火霍曼转移轨道。在抵达火星后，它也需要迅速制动，切入最终的环绕火星圆形轨道。对巨大的空间站而言，离子电推进和其他新型电推进技术效率太低，核能推进技术尚不成熟，只能依赖传统化学燃料推进系统，两部分需要消耗很多燃料。

C. 火星入轨制动系统

在小型空间站进入正轨后，再用重型火箭运送一个近乎 150 吨级的纯推进系统，也可通过在轨加注燃料的方式扩充。这个推进系统采用能够长期储存的四氧化二氮和联胺 / 偏二甲肼传统燃料，这也是很多深空长期任务，甚至国际空间站维持轨道的基本方式。这部分推进系统通过桁架结构与空间站主生活舱一端的能源与动力舱连接，主要在空间站离开地火转移轨道切入环绕火星轨道时进行制动，任务完成后就可抛弃，以减少整体结构重量。

D. 离开地球时的主推进系统

A、B、C 三个部分组装完毕后，形成一个 300 吨级别的超级巨无霸，只需将其推入地火转移轨道，就可完成入轨环绕火星任务，此时需要超强动力模块。这是最后一个对接模块，对燃料保存时间要求不高，可以使用推进效率最高的液氧、液氢燃料。

这部分任务也可以分几次完成。首次任务负责运输主推进系统，安装液氧、液氢发动机推进模块，将其对接到 C 部分。在主推进系统对接后，连续用重型火箭发射多个燃料储存模块，进行最后对接。随后，空间站可以点火发射前往火星。

以中国现役火箭和在研火箭组合为例，整体建造过程可参照下表。

序号	部分	舱段	重量	火箭	主要功能
1	A	能源舱	25 吨	长征 5 号	维持空间站环绕火星轨道和能量供应
2	A	主生活舱	25 吨	长征 5 号	航天员主要生活工作区域 / 与地球通信
3	B	节点舱	10 吨	长征 7 号	主要用于对接 A 部分和 B 部分
4	B	实验舱	20 吨	长征 5 号	能量供应、科学实验等
5	B	生活舱	10 吨	长征 7 号	充气式；航天员次要生活、工作区域；与地球通信
6	B	气闸舱	10 吨	长征 7 号	执行出舱行走任务、部分实验功能
7	B	登陆火星模块	40 吨	新载人火箭	登陆火星，第三生活、工作区，应急返回地球
8	C	推进制动模块	150 吨	长征 9 号	离开地火转移轨道，切入环绕火星轨道
9	D	主推进模块	20 吨	长征 5 号	离开地球，进入地火转移轨道
10	D	燃料模块	150 吨	长征 9 号	数次任务；供应液氧、液氢燃料
11	/	神舟飞船	8 吨	长征 2 号 F 型	数次神舟飞船任务，维护空间站
12	/	天舟飞船	13 吨	长征 7 号	数次天舟飞船任务，货运和燃料补加

在进行简化计算时，为留足每个支持技术的设计时间余量，应该选择速度增量较小、总航程时间较短的设计方案。笔者认为，可以抓住 2035 年的火星探测窗口，设计参考的重要指标如下。

1. 从地球出发

- 日期：2035 年 6 月 25 日
- 出发轨道：400 千米高圆形轨道
- 动力系统：液氧、液氢推进模块，比冲为 450 秒（以美国半人马上面级为参照）

2. 抵达火星

- 日期：2036 年 1 月 15 日
- 入轨轨道：300 千米高圆形轨道
- 动力系统：四氧化二氮和偏二甲肼组合，比冲为 326 秒（以俄罗斯微风上面级为参照）

在简化太阳系摄动环境下进行仿真模拟，可以得到如下重要参数。

- 地火转移天数：204 天
- 总速度增量：5.73 千米 / 秒
- 离开地球速度增量（加速）：3.64 千米 / 秒
- 离开地球时总重量：633.22 吨，大部分为液氧、液氢燃料
- 抵达火星速度增量（制动）：2.09 千米 / 秒
- 抵达火星时总重量：269.17 吨，大部分为四氧化二氮 / 偏二甲肼燃料
- 环绕火星有效载荷： 至少 140 吨，主要为 A 部分和 B 部分多个舱段组合

总体而言，可以通过长征 2 号 F 型、长征 5 号、长征 7 号、新载人火箭和长征 9 号火箭组合，运送并组合 A、B、C、D 四大部分的多个模块。其中 C、D 模块在执行完地火转移阶段任务后被抛弃，剩余空间站模块“轻装上阵”。在建设阶段，可以用神舟飞船和天舟飞船对空间站进行维护，但它们并不前往火星。

最终，一个复杂的空间站系统建设完毕，它能够在未来支持至少三名宇航员长期工作，可以长期在太空旅行和环绕火星运行，有多个宇航员生活和工作区域，能

够在抵达火星后进行复杂的科研活动，支持火星登陆任务。作为接泊平台，它支持火星轨道集合任务，带有宇航员紧急逃生模块。经过数月的星际旅行，一个 140 吨级别的大型空间站将出现在环绕火星轨道，成为人类登陆火星的跳板。在这个阶段，空间站尚处于无人状态，但已经做好了宇航员在下一个火星探测窗口期抵达的准备。

火星探测步骤二：火星轨道集合

火星表面自然状况恶劣，不存在支持人类长期驻留的条件，毕竟人类生存需要巨大的能量和食物供应。用巨大的火箭从地球将能量和食物送往火星表面的性价比极低。另外，相关无人探测任务早就对火星进行了全方位科研分析，早期前去火星表面探测的宇航员没有必要在火星表面停留数月时间等候下一个窗口期返回地球，只需执行一个月乃至几天的短期任务即可，所需物资大大降低。空间站抵达火星轨道后，可作为宇航员真正的火星生存基地。

2036 年，在空间站进入环绕火星轨道并准备完毕后，在下一个火星探测窗口期就可以发射载有 3 名宇航员的火星登陆飞船前往火星。它的有效载荷总重依然是 40 吨级别，离开地球时包括推进系统在内的总重会达到 181 吨。实际上，即便是 200 吨级的系统总重，用长征 9 号和新载人火箭组合，在新的时间窗口切入环绕火星轨道并与空间站对接，可成功实现 3 名宇航员入驻空间站的目标，可依靠机械臂和外部维修平台进行货运飞船在轨加注燃料等操作。

火星登陆飞船具备登陆火星和返回火星轨道的能力，包括推进舱和返回舱两个部分。在利用大气摩擦和降落伞减速后，推进舱能够在降落火星时起制动作用，降落后会被放弃在火星表面。返回舱具有足够动力，返回火星轨道。三名宇航员中的两人登陆火星，一人驻守空间站。在任务完成后，返回舱重新与空间站对接，送回两名宇航员。随后，返回舱可作为额外的生活区域，也可以根据后续任务需求随时被放弃，以留出空间站接泊口。而空间站最早携带的火星登陆飞船一直作为应急备份，在发生紧急情况时可以随时启动，带宇航员离开空间站，择机返回地球。

因此，在返回地球之前，宇航员将会长期生活（常规霍曼转移返回方案，探测周期需要三年左右，驻留火星一年多）或短期驻留（借力金星方案，探测周期两年左右，驻留火星两月左右）在围绕火星的近火轨道空间站中，在火星登陆仅是任务的一小部分。如果有需要，在此期间，可以发射数艘 15 ～ 20 吨有效载荷级别的货运飞船抵达与空间站相同的环绕火星轨道。按照计算，货运飞船离开地球时总重是 68 ～ 90 吨，用一枚长征 9 号级别的重型火箭足以完成任务。无人货运飞船可以使用空气刹车技术切入环绕火星轨道。空间站的空余接泊口可供飞行器对接，也可用机械臂暂时抬起可充气扩展生活舱，以便和第二艘货运飞船对接，保证物资补给。

火星探测步骤三：火星表面集合

载人登陆火星任务最有挑战性的是把人安全送离火星。在设计过程中，火星登陆飞船被设计成类似阿波罗登月舱的样子，一部分属于下降级 / 推进舱，一部分属于上升级 / 返回舱，宇航员仅使用返回舱返回环绕火星轨道的空间站。返回舱使用的是可长期保存的燃料。

在降落火星过程中，着陆器需要克服火星的大气阻力和重力不断减速，还要借助巨大的降落伞进一步减速。最后，推进舱火箭发动机工作，进行制动，使着陆器在接近火星表面时达到相对速度为零的完美状态。随后，推进舱作为火箭发射平台为返回舱服务，它的绝大部分重量是燃料。返回舱的核心载荷是宇航员，其结构将做到最简化。不过，像电影《火星救援》那样几乎把飞船拆“散架”的做法太夸张。

科学家必须考虑火星登陆飞船发生故障而无法返回的情况，要有宇航员从火星表面返回的备份方案。例如，可以提前送去一个无人火星登陆飞船，略过切入环绕火星轨道、对接空间站两个步骤，能够节省大量燃料，类似好奇号火星车一样直接在火星降落。无人飞船还可以通过冲点航线先期抵达火星表面，并携带足够的燃料。这意味着宇航员能够和备份飞船在火星表面会合，大大提高了安全指数。而且，未使用的飞船可以一直作为后续登陆任务的备份。历次任务集中在一个区域，有利于后续火星基地的开发。

从火星表面返回地球面临的最大的困难是火箭燃料。按照现有方案，必须先把

（图源：NASA）

早在 20 世纪 80 年代，美国航空航天局就在不断论证登陆火星飞船的方案

燃料送到火星表面，对于宝贵的载人飞船而言是很大的运力浪费。因此，有些科学家主张对火星资源加以利用。例如，前文提到“火星 2020”将携带二氧化碳制氧装置抵达火星。

火星空气中的大多数成分是二氧化碳，极其干燥，而水在土壤和地下已经被发现有广泛存在的痕迹。在火星南北极冠附近，那里甚至有数十万平方千米的干冰（二氧化碳）和水冰（水）。水在电解的情况下能够生成氧气和氢气，电能可以来自能量密度更高的核能或持续收集的太阳能。还有一种方案，利用电解水产生的氢气和二氧化碳发生萨巴蒂尔反应，生成甲烷和水，最终用液氧、甲烷作为能量离开火星表面。这样可以避免对液氢进行处理。液氢温度为零下 253 摄氏度，而液氧温度仅为零下 183 摄氏度，液态甲烷的温度为零下 162 摄氏度，液氧和甲烷更容易共存。而且，液氢密度小，占据空间巨大，不易储存，使用液氧和甲烷无疑有更大优势。然而，以现在的技术而言，在火星表面就地取材制造燃料的难度依然很大，最佳方案依然是自带燃料。未来大规模的火星基地建成后，星际旅行的常态化必然促进专业火箭燃料工厂的建设。

此外，太空探索科技公司提出过一个利用大型星舰直接降落火星的方案，这种类似航天飞机的设计可以使飞船通过和火星空气摩擦降低速度，然后利用发动机反推技术垂直降落火星，再垂直起飞。不过，目前这仅是一种设想，难度远远超过航天飞机技术。航天飞机根本没有能力独立起飞，必须依靠大型固体助推器。航天飞机降落时必须使用大型机场跑道滑行。而且，航天飞机转场都需要波音 747 飞机背着它。美国的航天飞机是花费超过 2000 亿美元的庞大项目，我们不清楚私营航天企业能否有足够资金来研发这种技术。

返回地球

从成功率来看，火星探测器返回地球的最佳方案还是沿着霍曼转移轨道从火星出发，利用备份的载人飞船实现约 2 千米 / 秒级别的速度增量离开火星，再经历新

（图源：SpaceX）

太空探索科技公司的火星探测方案难度极大

的霍曼转移轨道（约半个椭圆距离），返回地球。这对于有能力登陆火星（需要至少 4.1 千米 / 秒速度增量）的载人飞船而言是完全有可能实现的。在着陆前，可以采用月球引力助推方案，飞船适当调整速度和方向，或者利用剩余燃料继续工作，最后直接降落地球。这种方式的能量消耗最小，技术也比较成熟。在燃料充足的情况下，也可以对方案进行优化，实现快速变换轨道。但是，探测器要等待最佳窗口，在火星附近等待的时间可能长达 500 天左右，任务周期延长到 3 年左右。

前文提到前往火星的冲点航线，它的最大价值是利用金星和太阳引力提升速度，压缩了飞行时间，但面临的风险很大，性价比很低。实际上，这种借用金星和太阳引力助推的思路在探测器返回地球时或许价值更大。通过这种借力飞行航线，探测器在抵达火星约 50 天后就可以从火星返回，直接奔金星和太阳而去，借助两者的力量完成一次遥远却更加快速的太阳系内旅行，总时长甚至可以压缩在两年之内。这种方案的返回时间窗口大大提前，有足够的优势。目前所有的火星探测活动都是单程旅行，未来的往返旅行，尤其是载人任务，势必会将借力航线作为重要考量。

为应对借力航线需要经过太阳中心辐射区的情况，加强防护是很有必要的。2018 年 8 月 12 日发射的帕克太阳探测器是目前最先进的太阳探测器，它距离太阳最近约 600 万千米，在技术上已经解决了与地球的通信问题。在金星轨道附近，这里的辐射强度与地球上经常碰到的太阳剧烈活动造成的较大辐射相比，属于可接受范围。太阳活动也有 11 年的变化周期，经历了太阳辐射很高的时期后，国际空间站有了多种解决办法和经验。20 年来，人类并未遇到太阳辐射很大的挑战，从技术角度看，这种返回方式应该是可行的。

此外，如果路上发生意外情况，载人探测火星活动必须提前结束，探测器从原路返回完全是违反轨道动力学的幻想。探测器继续沿着霍曼转移轨道前进也不合理，因为地球的位置早就变了。此时，金星恐怕就是最好的跳板，应该消耗部分燃料，在霍曼转移轨道的前中段进行微调，沿着新的椭圆轨道飞向金星，最终借助金星甚至太阳，返回地球。

因此，借力飞行航线几乎是未来的火星探测活动在返回地球时的必备方案。它可以大幅缩短宇航员驻留火星的时间，缩短任务周期，是一个性价比超高的方案。

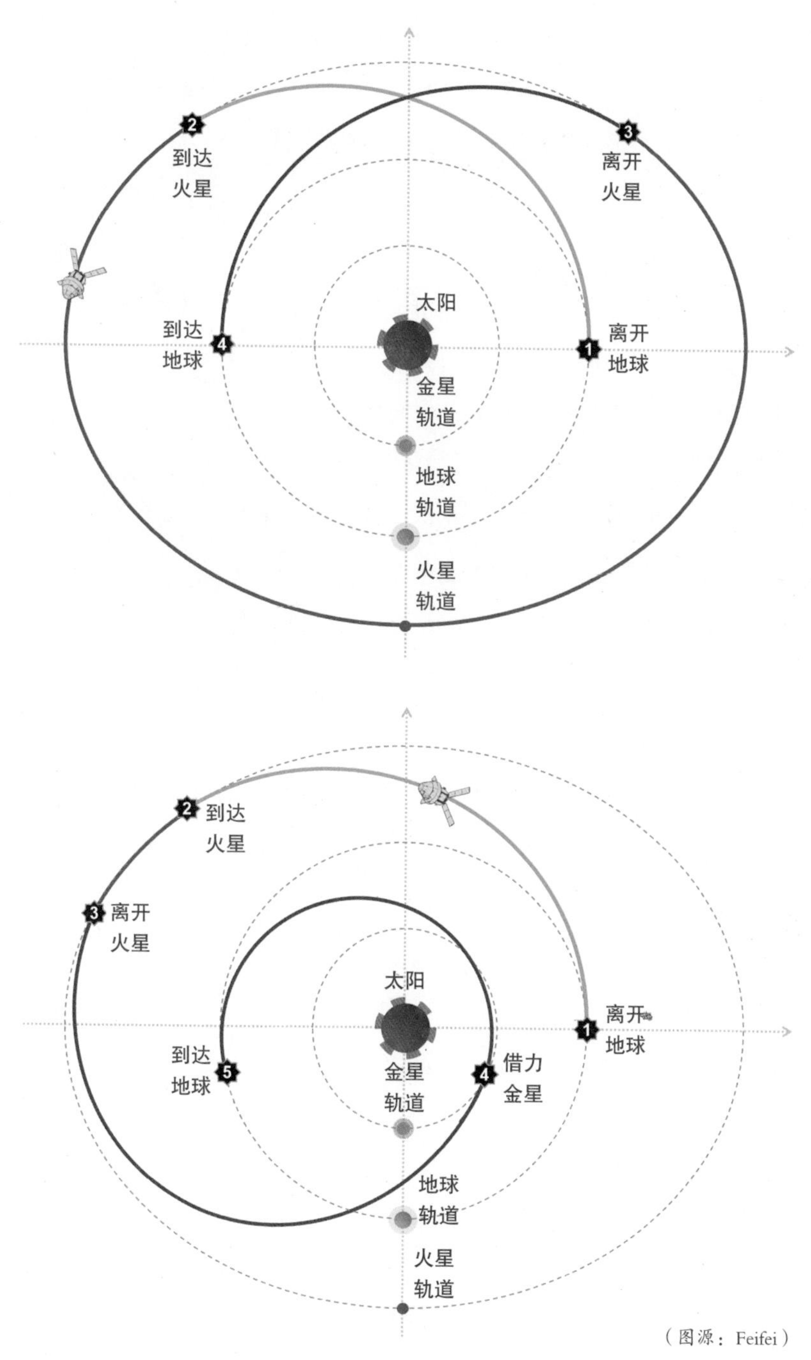

（图源：Feifei）

快速霍曼转移方案（上）和霍曼转移与借力金星、太阳航线综合方案（下）的轨迹对比

不过，大家应该很清楚：通过霍曼转移轨道去火星和回地球是最简单高效的方式，却因为人的存在大幅增加了技术难度，而借力金星和太阳的方案有点像“飞蛾扑火”。这个技术细节说明了载人航天任务的复杂，它完全颠覆了传统火星探测的形式与规模。

而且，上述内容都是基于现有技术或近十年内世界航天技术发展预期做出的规划。目前，人类尚无能力运送 1 克火星土壤返回地球，美国航空航天局计划在 2025 年前后进行此类尝试。火星采样返回的难度可想而知，而载人火星探测任务的难度更是难以想象。世界各国现在并没有真正开展载人探测火星活动，所有项目尚停留在论证阶段。

这里，笔者也想再次给大家提一个小问题：人类探测火星尚且这么困难，载人探测其他行星会有多难呢？人类有可能挣脱太阳系的束缚吗？

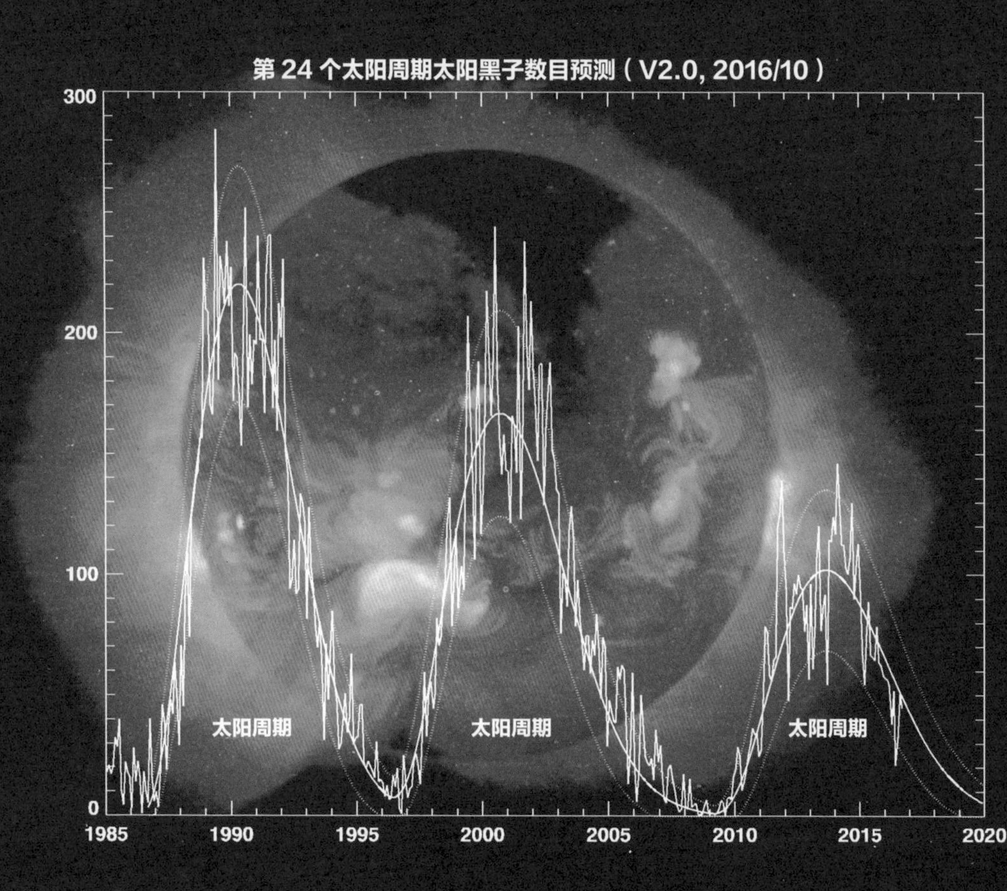

太阳活动强度（以太阳黑子数量变化为例）有明显的 11 年变化周期，人类被地球大气庇护，并不容易察觉到这种变化。对于已经在轨 20 年的国际空间站而言，它早已驾轻就熟了

第九章

在火星生活，你准备好了吗

（图源：Pixabay）

尽管火星是地球的兄弟姐妹中最适合探测的，但探测难度之大已经让人颇为震惊。在本章，我们不妨跳出被无垠太空限制的思维定式，打开脑洞畅想：如果征服了火星，未来的人类会是一种什么样的生活方式？

这一代人对此可能感觉比较遥远，对未来的新地球人而言，这或许就是生存指南。

火星基地怎么建

进入21世纪，人类探测火星活动进入新的高潮，美国、俄罗斯、欧盟、印度、日本和中国都尝试过探测火星活动，关于火星的未来开发方案也进入各国航天发展计划的重要日程。最理想的火星开发方案当然是整体开发，以目前人类对火星的认知，这种假设实现的可能性大吗？

人类探测火星的历史已经近60年，有近一半任务取得成功。截至2019年年初，美国奥德赛号轨道器（2001）、欧洲火星快车轨道器（2003）、美国侦察轨道器（2005）、美国好奇号火星车（2011）、美国火星大气专家MAVEN轨道器（2013）、印度曼加里安轨道器（2013）、欧洲火星微量气体探测轨道器（2016）和美国洞察号着陆器（2018）正在探测火星。

综合此前的研究成果，火星的基本情况并不乐观：火星体积小，质量小，引力小，所以散热过快，内部能量很快流失，火星内部的“发电机”停止工作，使磁场消失。火星磁场消失的后果非常可怕，太阳风缓慢将大气剥离，导致目前的火星大气压力只有地球的1%。火星的地质活动已经极其微弱，几乎没有板块运动，大气也缺少足够的补充来源。37亿年前，火星与地球的情况也许基本相似，除海洋和湖泊普遍呈现酸性以外，基本能够维持原始生命存在，但由于大气流失，陷入了不可逆的水分散失过程。

因此，火星整体上陷入了更加荒芜和死寂的不可逆的过程。火星内部能量散失是完全无法避免的，人类要放弃对它整体改造的想法。曾经有科学家大胆提出用核

经过人类改造，火星未来变成“绿色火星”

（图源：Daein Ballard）

弹轰击火星两极，释放大量水冰和干冰，让它们变成气态进入火星大气。大量二氧化碳会形成明显的温室效应，进一步推动火星全球变暖，降低昼夜温差。此后降雨会广泛出现，造就山川湖泊。然后，人类向火星大规模投放海洋浮游植物和地表植物，以此来改造火星，在数千年乃至更短的时间内火星上出现类似地球的环境。

然而，这个方案并不可行。首先，火星内部熔融金属核的冷却，远不是核弹能拯救的。核弹无法重新激活火星磁场，也就永远不会保护大气和水分。核弹轰炸只能导致仅有的宝贵空气资源进一步流失，而且对火星造成不可逆的伤害。其次，经过核弹轰击的火星大气成分主要是二氧化碳，这并不意味着被投放到火星上的地球植物能够轻易生存。地球大气中的二氧化碳的比例仅占 0.04%，地球植物已经适应目前这种环境，更何况植物呼吸也需要氧气，所以大规模投放植物改变火星大气成分和释放氧气也就无从谈起。再次，核弹极其危险，在发射过程中一旦失败，无疑是地球和人类的巨大威胁。最后，核弹爆炸造成的核污染会随着火星常见的沙尘暴席卷全球，很难消除的放射性同位素将给未来的火星移民造成灾难。

因此，人类的火星改造计划几乎不可能实现全球性改变，只能采取建立封闭基地的方式。美国航空航天局和太空探索科技公司，现有方案都是建立基地，俄罗斯进行了“火星 500”系列实验，中国也有火星模拟基地，阿拉伯联合酋长国和荷兰等国也有过火星模拟基地。荷兰私人公司“火星 1 号”曾经计划过前往火星基地的“单程之旅”，吸引了很多人“志愿报名”。不过，该公司已经在 2019 年宣布破产。

目前来看，建造火星封闭基地的方案已经是各国必选的方案。相比缺少现实可行性的火星整体改造方案，建立基地显然是唯一选择。基地方案的最大优势在于，基地是全封闭的，有和地球一样的气压、温度、湿度和光照等条件，不受外部恶劣环境影响。在火星基地设计方面，有以下方面需要着重考虑。

1. 基地选址

火星北极和赤道之间的大平原地区地势较好，水分含量较高（超过 3%，靠近北极冰盖）。在火星北极夏季，火星处于远日点，因此夏季很长，白天温度可以达到 20 摄氏度。这里富含火山岩，有足够的建筑材料。由于火山长期喷发，奥林帕

（图源：NASA）

美国航空航天局模拟火星基地

斯山和众多高山附近有宝贵的矿藏，正如地球上的矿藏一样。火星两极区域有高氯酸盐。高氯酸盐是氧化剂，能够作为氧气来源，火星大气96%以上的成分是二氧化碳，可作为人类未来需要的能量，也是植物光合作用必需的。此外，这里地势平缓，载人登陆难度较低。当年苏联探测器和美国极地登陆者号失败的一个重要原因，就在于火星南部的复杂地貌。

2. 建筑形式

火星引力小，地质条件稳定，风力小（风速快，但大气密度低，风的能量并不大），土壤材料适合用于建筑。从表面上看，在这里建造大型地表建筑并不困难。然而，还有一个极其重要的因素需要考虑——宇宙射线的辐射。辐射几乎是所有生命的噩梦，在建造火星基地时必须考虑这个因素。

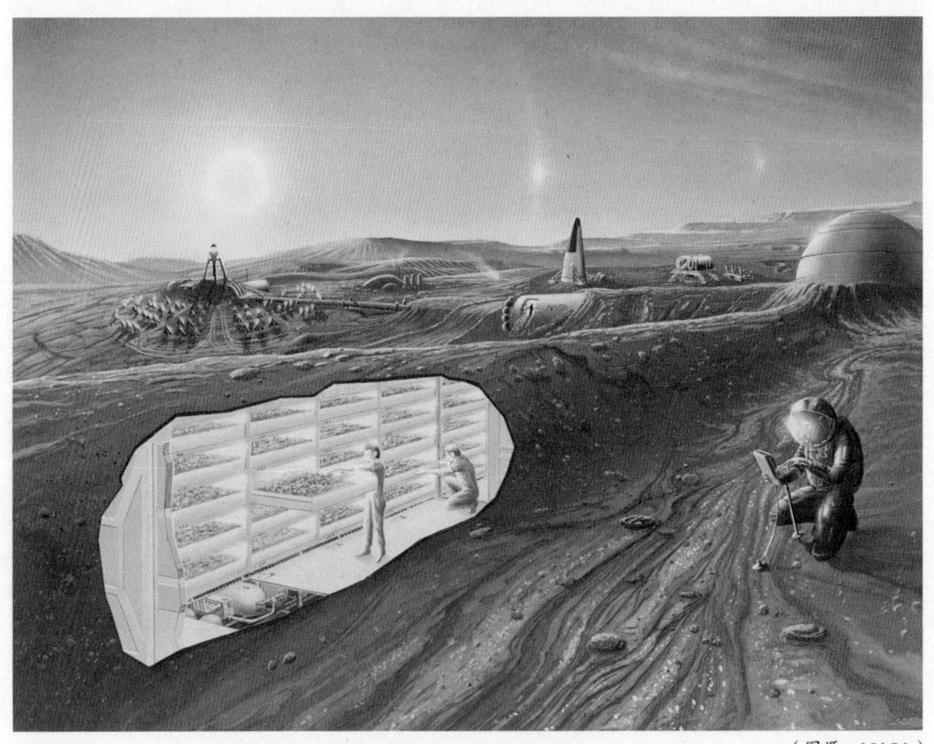

（图源：NASA）

地下基地无疑是最佳的火星基地方案

虽然厚重的墙壁或昂贵的涂层可以抵御辐射，但将极大地限制火星基地的规模。火星基地最有效的方案莫过于半地下或全地下结构。向地下挖掘，封顶建成密闭结构，抑或凿出类似隧道和山洞的大型结构。这样可以有效保温，躲避太空辐射，能够最大限度地利用挖出的建筑材料，以及矿产和水源等。在建筑附近的地表，可以建设巨大的太阳能光田、核电基地和火箭发射场等。总体来说，这种方案便于将人类需要的活动区域集中化，也将人类活动可能产生的风险（如火箭发射爆炸）与生活区隔离，最大限度地提高空间和资源的利用效率。

3. 建筑材料

火星土壤 95% 以上的成分是矿物质，利用现在日趋成熟的 3D 打印技术，完全可以用火星土壤建造基地。美国太空探索科技公司生产新一代载人飞船逃逸发动机时，已经在使用成熟的以铁、铬、镍为材料的激光 3D 打印技术。在未来，适用于 3D 打印技术的材料将越来越多。美国航空航天局目前在持续举办总奖金高达数百万美元的火星建筑 3D 打印大赛，不少参赛队伍给出了性价比很高的方案。

未来，只需运送少量打印机器人前往火星，利用 3D 打印技术，以立体蜂窝状结构来建造一些基本构件。这些构件强度高、重量轻，能够防范微型陨石。火星土壤有 40% ~ 45% 的氧元素、18% ~ 25% 的硅元素、12% ~ 15% 的铁元素、2% ~ 5% 的铝元素，对于建造以钢和玻璃为主要结构的建筑物而言，使用这里的材料比较现实。

4. 水的来源

火星地下含有至少 2% 的水冰，北极冰盖底部有大量水冰，加热后即可获取水分。火星高山斜坡上有液态盐水流动的情况，越靠近两极水分越多，足够人类生存。2018 年，欧洲火星快车在火星南极冰层之下发现有疑似的巨大水湖，科学家推测水湖可能广泛存在于火星地下。随着对火星研究的深入，这些液态水湖未来或许会成为火星移民的重要水源。

5. 空气来源

按照前文介绍，“火星 2020”任务将在火星上进行二氧化碳转换氧气的实验，如果实验成功，将标志着可以利用火星原位资源产生氧气，而这种资源是火星大气中非常充沛的二氧化碳。火星土壤中有较多高氯酸盐，通过简单加热即可获取氧气。火星北极更是一望无际的干冰和水冰盖，水资源取之不尽，用之不竭。用电解水的

在 2015 年的火星建筑 3D 打印大赛中，参赛队伍“GAMMA”以这个设计方案获得了 1.5 万美元的奖励。当然，参赛模型必须经过结构强度等考核

（图源：NASA）

方式可获得氧气和氢气，氢气能够和二氧化碳反应进一步生成火箭燃料，而氧气可供呼吸或作为火箭燃料。在封闭环境中，只要维持低压富氧的环境，人类即可健康生存。此外，无论人类活动产生的二氧化碳，还是空气中取之不尽的二氧化碳，都可以作为植物的“粮食来源”。

火星农业指南

民以食为天。但是，从地球长期往火星运送补给的方案困难重重，成本极高。这种方式难以维持大型的火星基地，火星基地发展农业无疑是重中之重。影响农业的最重要的因素便是水源，这个问题已经解决，水可以从火星土壤和南北极冠的水冰甚至地下水湖中获取。

地球上的植物经过阳光数亿年的“照顾”，适应了环境，形成了对太阳的依赖。在火星上，植物几乎不可能依赖天然的阳光作为能量来源。持续数月的席卷火星的沙尘暴可能阻挡阳光到达火星表面，形成危机。近乎密闭的火星基地不可能有自然光照明，这会影响植物生长。因此，火星基地发展农业必须依靠人造光源，光源能量可以来自太阳能光田存储的太阳能，或者是核能、地热（如果还有）和化学燃料等。每种植物都有自己偏好的电磁波频段，目前植物学家已经能够为特定植物提供特定的光照条件，大大降低了能源消耗。在人类肉眼看来，这些人造光呈现出单一颜色，甚至昏暗无比，但它们却形成植物生长发育的最完美的环境。

火星土壤总体上极其干燥，根据现有证据并未发现土壤中有复杂的有机物。由于宇宙辐射的长期影响，火星土壤带有一定的放射性，还广泛存在各种氯化物，必须经过处理才能为农业所用。庆幸的是，火星土壤中有足够的硅酸盐和微量元素等地球土壤基本成分。可采用自动耕作机器人对土壤进行加热，或以化学反应方式逐渐对火星土壤进行改良。在建设半地下基地时，选用深层土壤无疑更好，深层土壤水分含量更高，辐射量更低。而且，好奇号火星车在工作期间甚至发现火星深层土壤疑似有周期性释放甲烷气体的现象，使人们对火星深层土壤的结构更是浮想联翩。

（图源：NASA）

国际空间站的实验“菜地”，采用看起来奇怪的 LED 光照技术

对于火星土壤中缺乏的营养成分，如氮、磷、有机物等，估计只能依靠地球补给，而它们在密闭状态下是能够高度循环利用的资源，总体能够满足农业需求的动态平衡。

此外，二氧化碳是植物的天然肥料。不少现代农业机构提高大棚中的二氧化碳含量，以提高植物的生长效率。对未来的火星农场而言，二氧化碳是近乎免费的肥料，可以直接从火星大气中获取。此外，人类呼吸产生的二氧化碳也可以由植物消耗掉。

大家可能记得电影《火星救援》中种植土豆的情景。事实上，这的确是一个最佳选项：土豆对土壤肥力要求较低，对水分要求适中。土豆产量大，生产周期短，是人类的主粮之一。国际知名的荷兰瓦格宁根大学，模拟火星土壤进行了一系列农作物种植实验，实验蔬菜品种包括番茄、黑麦、萝卜、豌豆、韭菜、菠菜和水芹等。

在长达数年的载人航天工程中，苏联的礼炮系列 / 和平号、美国的天空实验室、中国的天宫实验室和国际空间站，都进行过生菜、大米、小麦、洋葱、黄瓜、白菜

（图源：Colin Marquardt）

早在 20 世纪，就有生物学家修建了封闭的大型模拟生态系统。在封闭系统内，很多动植物在人为控制下形成了良性生态循环

等种植实验。中国的嫦娥 4 号登陆月球时，携带了一个微型生物系统，开发“菜地”。利用太空失重和辐射环境进行太空育种，是已经得到验证的成熟技术。

未来，人类培育的植物将会成为火星基地的主要种植品种。随着育种技术的进步，会有越来越多的植物进入这个名单。可以想象，未来的火星基地可以生产大量可供选择的蔬菜和水果。

在穿衣方面，除了外出时需要穿上宇航服之外，火星移民几乎都生活在温度、湿度、气压完全稳定的基地中，并不需要准备四季衣服。在火星上可以种植蓖麻类植物，它们的适应能力很强，是优秀的经济作物：枝干可以制作纤维，叶子可以用来饲养蓖麻蚕，制作蓖麻蚕丝；二者可以作为人类衣物的原料。火星上的矿物原料可以用来制作染料，从农作物中也可以提取天然色素。例如，鲜花可以作为观赏作物，也可以作为大量天然色素的来源。火星基地的每位成员可以有彰显个性的衣物。此外，蓖麻籽可提炼出食用蓖麻油和工业原料，在提炼过程中产生的蓖麻粕可以制作蛋白质饲料，剩余部分也可以变废为宝，成为农业和工业原料。

在火星上，使用现代化农业技术将是必然的。在密闭空间内，小型机器人可以自动完成播种、监控、施肥、授粉、收获等一系列过程，极大地提高生产效率。太空育种技术非常方便，只需将种子放到火星表面，受到一定剂量辐射即可；用以培育植物新品种的转基因等技术也将日趋成熟。

种植农作物对现代航天技术而言已经不再是挑战，但不能指望每个火星移民都是素食主义者，动物蛋白的获取将是一大难点。现在，很多科学家在研究如何解决这个问题。

在时长一年的月宫 1 号实验期间，中国进行了黄粉虫养殖实验，所有材料均来自密闭的基地空间。黄粉虫干品含脂肪 30%，含蛋白质高达 50% 以上，还含有磷、钾、铁、钠、铝等常量元素和多种微量元素；在经过油炸处理后，其口感不输于市面上任何小吃。在实验期间，基地成员的重要动物蛋白质来源就是黄粉虫。对于大麦虫，相信有人并不陌生，它在不少地方就是一道菜。在火星上，这些生物恐怕会成为人们常见的食物，而不只是偶尔尝鲜。

荷兰瓦格宁根大学的维格 • 沃姆林克（Wieger Wamelink）教授曾在实验中将成年活蚯蚓投放到模拟火星土壤中，评估它们在独特土壤环境中的适应能力。研究人员并未料到实验中的蚯蚓能够成功繁殖。沃姆林克在一份声明中说：“很明显，肥料刺激它们生长，特别是在模拟火星土壤中，而且我们看到那些蚯蚓非常活跃。最令人惊奇的是，在实验末期，我们在模拟火星土壤中发现了两条小蚯蚓。”蚯蚓一方面可以作为改善土壤的重要工具，另一方面也可以作为人类生存需要的蛋白质来源。2019 年，中国科幻电影《流浪地球》上映，把蚯蚓干描述为非常奢侈的食物。

此外，随着生物技术的进步，利用基本原料在实验室环境下培养肉类的可能性也大大提高。有科学家进行过培养基中的“牛肉”生长实验，生产出的“牛肉”几乎以假乱真，在口感上和真牛肉相差无几，甚至可以按照客户需求定制。如果火星移民对来自低等无脊椎动物的蛋白质有心理抵触，就可以将其升级为“人造肉”或者提炼成氨基酸、维生素等胶囊。

短期看来，在寸土寸金的火星基地里大规模养殖牲畜的可能性很低。动物需要生长空间和食物来源，它们造成的污染难以处理。养殖大型家畜占用的资源不亚于人类自身，是巨大的资源浪费。如果要享用大餐，或许需要从遥远的地球定制。在火星养殖动物只是一个遥远的设想，连养一只鸡都很难。如果并不介意，实验室生产的“牛肉”和“鸡肉”，与真正的肉并没有什么实质区别。

总体来说，建立独立的植物种植仓，进行无土栽培，利用最新的种植技术（极少光照和能量消耗），是非常现实的。在相对密封的植物种植仓中，养分充足，二氧化碳含量远超地球，有精心选育的植物品种，那里的重力不及地球一半，植物可以生长得更大。这意味着人工培育的植物产量可能远远超过地球上的产量。而且，农作物能够产生大量氧气供人类使用。在封闭环境中，水分近乎可以实现无限循环。植物的废弃秸秆等，可以被加工成昆虫饲料。作为奢侈品，搞私人定制的家禽饲养工程，也未尝不可。

人类在火星上的吃饭问题能够基本解决。

火星工业指南

工业是现代社会的基石，享受过工业革命后便利化生活的人不会质疑这个观点。航天技术是工业时代的皇冠，不仅将人类的梦想带到了魂牵梦绕的太空和遥远的宇宙角落，还改变了我们的日常生活。如今非常普遍的人体医疗检测设备、通信设备、电子芯片、太空育种技术，甚至宝宝用的尿不湿和耳温计等，都和航天科技有着千丝万缕的联系。对于火星移民而言，工业显然也是极其重要的。

火星工业的一大问题是能源问题。在火星基地外围和表面建立大型太阳能电池板阵列（可用硅、氧、铁、镍等为原料）将是可选项。机遇号和勇气号火星车证明，太阳能电池板在火星沙尘环境下可以长期正常工作。原计划工作 3 个月的机遇号的太阳能电池板竟然坚持了 15 年！对火星基地而言，人类可通过定期检查方式保证电站的效率。

为应对沙尘暴天气和夜间无光情形，可将大型同位素发电机作为能源补充设备。例如，好奇号火星车采用此项技术，它在火星上的工作期限被不断延长。从理论上讲，它可以继续工作 20 年以上（核电池的放射性元素钚-238 半衰期长达 88 年）。与此同时，美国航空航天局也在研究可长期使用的大型核电能源，这种能源可用于月球基地和火星基地，类似小型核电站，能够满足大规模工业生产用电需求。如果人类在未来掌握核聚变技术，能量就将取之不尽，用之不竭。届时，从地球运送一次核聚变燃料或许就能维持一个火星基地运作几十年。

（图源：NASA）

美国航空航天局正在研制小型核电装置，其目标是总重量低于 300 千克，持续输出功率为 10 千瓦左右。这个装置使用半衰期长达 7 亿年的放射性元素铀-235

全程封闭的轨道交通将成为火星的重要交通方案。目前，在地球上，无论海底隧道还是山中的铁路隧道都很多，修建难度很大，但技术已经非常成熟。对于偶然的户外活动，火星车是比较成熟的技术。针对更远的出行目标，用火箭进行航天旅行是火星基地的必备选项。总体来说，大型轨道交通将火星基地变成一个铁轨和站点封闭的系统。火星气候条件比地球简单，对轨道交通影响很小，系统维护成本很低，设备寿命也将大大延长，性价比很高。

在轨道交通的基础上，采矿和矿产精加工将成为火星上一个极其重要的行业。这里的“矿”不仅包括地球上传统意义的矿藏，还有一些在地球上根本不必考虑的资源，如地下有机物（目前不排除这个可能）、两极的水冰和干冰、火星山脉因微弱的地质运动出现的矿藏等，它们都将是开发的目标。由于轨道交通比较发达，这些全自动化矿场将和火星基地连接，用机器人远程进行控制，可以保证资源源源不断地抵达基地。与此同时，生产各种智能装备的制造业也是这个行业的支持产业。

火星比地球小很多，体积只有地球的15%，表面积是地球的28%。但是，很多人忽略了另外一个事实：地球绝大部分表面积被人类无法直接生存和利用的海洋覆盖（71%），而火星上没有海洋。其实，火星可用陆地面积和地球七大洲的总面积是极其接近的。火星可供利用的工业资源可能不亚于地球。火星人口数量注定不可能跟地球上的一个小国人口数量相比，所以火星人均资源可能远远超过地球。

火星还是人类的一个庞大的行星基地，这里显然不是人类的终点。火星处于太阳系的合适位置，受太阳引力影响较小，其自身引力和空气造成的干扰也远小于地球，在这里发射火箭和进行航天活动的难度低很多。此外，出于实际需求，例如监测火星天气变化（尤其是沙尘暴）、无人矿场状态、资源勘探、远距离通信、导航与定位服务等，需要发展围绕火星运行的气象、遥感和导航卫星。以导航与定位服务为例，火星几乎没有磁场，动辄出现大型沙尘暴，使人类几乎无法确定自己的位置，建立类似中国北斗和美国GPS的卫星导航定位系统就显得格外重要。为了与地球交流，开发火箭和太空探测器也是必需的。另外，火星缺乏大气对陨石和小行星的有效防御，人类需要开发先进的监控和主动防御手段，避免火星基地受到危害。总而言之，航天业必然成为火星基地的核心支柱产业。

火星上缺乏的稀有矿物质其实没必要依赖从地球运输。火星距离小行星带非常接近，这里有几十万颗小行星，还有数亿乃至无穷无尽的极小星体，它们的成分和构造完全不同，不少拥有地球上极其稀缺的矿物资源。以小行星带的灵神星（16 Psyche）为例，它几乎完全由铁、镍元素构成，极像岩石行星内核，可能含有大量稀有金属。它的质量为 2.4 亿亿吨级别，远远大于人类每年仅 20 亿吨的铁矿石消耗量。即便不考虑铁矿石的纯度，按照地球普通铁矿石的品质计算，这也足够人类使用上千万年，可以说是无限资源。

从火星出发进行航天探测比从地球出发简单得多，完全能够建立定期“采矿航班”，用推进装置缓慢控制大小合适的小行星，利用太阳和木星的综合作用力实现四两拨千斤的效果，逐渐改变小行星的轨道，让其靠近火星。在接近火星时，将小行星拖入火星，让其坠落在火星表面，形成一个小型矿藏。接下来，慢慢对它进行

（图源：NASA）

小行星带或许是火星巨大的宝藏

（图源：NASA）

美国航空航天局计划在 2022 年发射灵神星探测器

开采就可以了，而开采这种露天矿藏的性价比很高。

总体而言，火星移民将拥有远超地球的人均资源，可以建立一套智能高效的工业系统，这个系统能够支持火星基地实现可持续性发展。

火星就业指南

如果有机会去火星基地，我们有什么职业可以选择呢？

心理学家亚伯拉罕·马斯洛在论文《人类动机理论》中提出人的“需求层次理论”，因而闻名于世。在这个理论中，他将人类需求从低到高分成了生理需求、安全需求、社交需求、尊重需求和自我实现价值需求。这套理论可以解释很多现代人对职业的认知。

从表面上看，火星基地环境更加恶劣，人类面对的挑战非常大。这意味着人类对安全需求的底线将大大不同于地球。地球上的绝大部分生命都把“活着”作为绝对底线，如人的呼吸系统具有高级权限，即便人体被麻醉，也会自主继续工作。为确保宇航员安全，所有载人航天工程都非常复杂，成本高昂。因此，未来的火星基地将是一个高度机械化、智能化的分工极其细致的小型社会，整体安全性高于个体安全性。在火星基地，安全至高无上，高科技能够提供充足保障，人们不用为此担心。

火星人口注定不会很多，人均资源将远远高于地球，不会有明显的分配不均和贫富差距问题，每个人都倾向于满足生理需求之外的其他需求。在这种前提下，很多职业走向将会与地球上大不相同。

在火星，农业和工业生产主要由智能系统和机器人进行，高度工业化可以为人们提供高水平的医疗、教育和饮食服务，但要进行个性化定制确实很难。火星最好的职业将在服务业中出现，尤其是高度依赖人的创造性的工作，如医生、教师、厨师等。其实，这种情况已经在地球上的人类社会中广泛发生：当快餐行业发展到每人可以低价买到足量食物的时候，高级餐厅的收费却在水涨船高；网络上的教学资源近乎无穷，好老师和好学校却越发千金难求；医疗行业更是如此，当药店和廉价药品到处都是时，顶级医疗资源却是常人根本无法接触到的。

火星社会还面临一个重大问题：人类社会的社交结构将会发生变化。极其发达的生产力和近乎完美的社会福利体系将会极大地改变人与人之间的关系，每个个体的发展轨迹都可以与众不同。这意味着传统的家庭和朋友关系将受到巨大的挑战。在发达社会中出现的高离婚率、陌生人社会等问题，在火星上将变得更加明显。

火星狭小的生存空间也成为陌生人社会的一大挑战，能够为人类应对这些问题的职业无疑将发挥巨大的作用。心理专家将成为与教师一样重要的职业，音乐、绘画、喜剧等能够帮助人类解压的行业会非常受到欢迎。

此外，不管地下设施建造得多好，都无法抑制人类想要进行户外活动的冲动，哪怕需要穿着厚厚的宇航服，使用笨重的严格进行防护的车辆。壮观的奥林帕斯山、艾尔西亚山、帕弗尼斯山和艾斯克雷尔斯山可以开发“滑雪场”，虽然那里没有足够的雪，但这种旅游项目肯定人气爆棚。给你一辆火星越野车，让你进行 30 天奥林帕斯山穿越之旅，想想就难以抑制地兴奋起来，愿意为之奋斗多年，以支付昂贵的费用。或者，我们去火星探宝，去盖尔撞击坑参观 N 年前降落火星的“古董”好奇号火星车。火星车旁边还竖着一个牌子——“请勿触摸”。这将是非常有趣的事情。旅游业一定会给枯燥的火星生活带来各种乐趣。

充分工业化也让高度依赖人的职业技术水平的工种体现出自己的价值。利用机器人和人工智能，或许几个人便能控制大型矿场，个体劳动力的价值被大大提升。同样的事情还会出现在植物学家、动物学家、计算机专家、小行星采矿专家、轨道交通工程师、小行星防御专家和资源回收专家等身上。

总而言之，生产力高度发达的火星基地将是一个完全不同于地球人类社会的存在，不再以满足个体基本生存需要为核心，而是让每个人将实现自我价值需求作为首要任务。

（图源：Pixabay）

未来的火星基地可能是类似地铁线路和站点的封闭结构，
人在进行户外活动时才会穿上厚厚的宇航服

未来，火星人还是人类吗

终于到了本书结尾部分，我们从回顾古代人如何认知火星、现代人如何一步步征服火星，一直聊到当代和未来。现在，人类正处于征服火星的前所未有的大潮之中。如果未来人类征服火星，实现了大规模的移民，还有一个非常重要的问题：

火星移民和地球人是一种什么关系，他们如何看待自身文明和地球文明？

大自然规律告诉人类：物竞天择，适者生存。正是这永恒不变的自然法则，筛选出地球上的每个物种，也让人类走上了生物链顶端。人类依靠的就是从古代人猿继承并积累下来的竞争优势。人类是一种高度社会化的动物，抱团取暖让人类得以孕育农业文明，又进一步扩大族群，进而孕育出部落、国家和民族等诸多集体。工业文明和后续信息时代的出现则将人类推向了今天所在的巅峰。

然而，很不幸，从诞生之日起，人类就没有离开大自然之外的残酷竞争。换句话说，人类内部斗争由自然选择激发，但又重于自然选择。当人类祖先还在非洲树丛中时，竞争就已经开始了。直到今天，我们也能在电视节目中看到丛林中黑猩猩部落之间的屠杀，彼此争夺地盘和食物。百万年前，在竞争中落败的人类远古祖先被迫走出丛林，来到草原。他们非常幸运地孕育了未来的人类，而不是灭绝。来到草原的人类中很快出现了新的被驱逐的异类，他们因为基因突变在身体发育后开始直立行走。这些早期智人又被迫远离其他族群。只不过，他们也非常幸运，成为现代人类更近的祖先。更晚之后，又有人类族群被逐出非洲，他们进入欧亚大陆，与尼安德特人和其他人种进行对抗。他们被叫作晚期智人，也就是我们。在淘汰无数竞争物种后，人类才有了今天的地位。

再往后，即便进入文明阶段，人类族群也在迅速分化。因为信仰不同，人类之间就会发生战争；因为政治见解不同，人类之间就要拼个你死我活。即便今天，人类之间因为政治和经济纠纷依然会势同水火。

繁衍若干年后的火星人，将会和我们有多大的区别呢？

特征：他们的身体构造与地球人逐渐不同

火星移民继承了地球人类基因，在火星低重力环境下，他们将生长得更高大。由于长期生活在地下封闭环境中，他们的皮肤分外白皙，黑色素沉积很少，甚至白于北欧人。由于生活在高浓度低压氧气环境，他们的胸腔和腹腔的发育和人类将慢慢有所不同。长期习惯穿脱太空服的他们，更能够应对各种高辐射、高污染的危险环境。要知道，如今地球上的绝大部分生命都能找到远古时代生活在海洋中的影子，即便是天上飞行的鸟，也经历了从海里到陆上，再到树上，最后到空中的过程，而今天的物种和祖先已经大相径庭了。

地球人担心的马斯洛需求中最基本的需求（生存需求）与火星人担心的会有本质区别。举个最简单的例子，地球人几乎不必担心空气缺乏，肺从未经历过这种自然选择，而火星人可能从生下来就要接受系统性医学训练，对抗突发性缺氧情况。

文化：他们的文化与地球人大不相同

以地球为例，美国人基本是世界各国移民的大集合，但没有人会说美国文化与世界其他国家的文化完全一致。好莱坞电影风格不同于任何国家的电影，甚至越来越多的人开始将美式英语叫作美语。在美国出生的各个族裔的后代，除外表外，已经很难看到与原始族裔相同的文化特点了。

在火星移民中，这样的事情也会发生。在 50 ~ 100 年内，在火星出生的移民后代在纯粹的火星环境中长大，他们的身体发育与地球人不同，教育和医疗条件也大不相同。火星人生活在封闭的严苛基地环境中，每个人接受精英教育，也许所有人都是上知天文、下知地理的天才。他们的社群组织方式、对自我价值的认知，甚至对语言的选择，都将远远不同于地球人。这正如《火星救援》的男主角，为了最为高效地与地球通信，选择 16 进制数字和 ASCII 码进行交流。对于地球人而言，如果不是顶级科学家，有几个能够听懂那时火星人的语言？对于地球人来说，那就是真正的火星语。

火星人与地球人之间的文化差异，也许超过了现在的都市人和亚马孙雨林还未完全开化的部落的区别。

科技：他们的科技很快领先地球

人类进步永远伴随着生产力的发展。而推动生产力发展的，无外乎两个最重要的因素：内心的恐惧和贪婪。例如，人类航天器的起源是第二次世界大战中使用的武器，东西方冷战又将它推向了高潮，而冷战根源是对立双方对掌控世界权力的贪婪和对失败的恐惧。人类的火箭技术，直到今天仍然没有超越 20 世纪 60 年代冷战期间土星 5 号的水平。

地球的生活条件太完美，人类有近乎无限的空气和水源，煤、石油、天然气等能源也几乎用之不尽。地球还有强大的磁场和大气保护，即便每天有无数小行星和彗星撞击地球，稠密的大气层也会把它们焚毁，使之成为美丽的流星。那些把火星大气剥离殆尽的恐怖的太阳风和宇宙辐射，也被地球磁场塑造成美丽的极光。

在火星上，一切大为不同，火星移民几乎无须商讨便会把大量资源投入科技研发。火星距离小行星带和太阳系内第二大引力源木星最近，即便发生危险的概率极低，小行星带来的问题还是很严峻，极其普通的流星都可能威胁火星基地的生死存亡。因此，火星人需要投入大量资源研究航天技术和防卫技术。

这只是一个小小的例子。可以想象，火星人还会大力发展生物和医学技术。地球上一直没有真正实现的“生命科学的世纪”和“征服核聚变技术”，在火星上将成为更加急迫的需求。火星人将拥有最先进的自动化机器人、人工智能和网络通信技术。他们将有最先进的航天技术，能够实时监测全球任何变化，又可以预测太阳系内数以亿万计的小行星的精确轨道。而且，火星人将拥有远超地球人的惊人破坏力，毕竟他们要开发太阳系最高的山、最长的峡谷，还有一望无际的南极、北极冰架，他们甚至需要对抗地球人完全没有能力对付的小行星。

可以说，在几百年内，火星人的身体、文化、科技乃至价值观，都将大大不同于地球人。在科技和潜在的军事应用方面，他们将远远超过地球人。

那么，当火星基地发展几百年后，火星人与地球人将会是什么样的关系呢？他们看到的地球，会不会是一个资源丰富的地方？未来的地球人如何与火星人和谐相处，共同开发地球、火星和太阳系，甚至整个宇宙？这将是一个非常值得思考的难题。

回到本书开启时的内容，地球是人类的摇篮，但人类不可能永远生活在摇篮中。我们从何处来？我们是谁？我们将向何处去？这三个人类终极问题，依然没有明确的答案。

人类搜寻太空中生命存在的痕迹，却一次又一次地失望。难道我们是宇宙唯一的智慧生命吗？宇宙这么大，只有一种“高级生命”是不是太浪费了？

1990 年 2 月 14 日是情人节，在太空中已经旅行 13 年的旅行者 1 号踏上了离开太阳系的旅程。此时，旅行者 1 号与地球之间的距离已经超过 60 亿千米，它为太阳系的行星拍下了“全家福”。其中一张照片显示出地球是一个不起眼的暗淡蓝点。

著名天文学家、科普作家卡尔·萨根评论：

“如果再看一眼那个光点，你会想到，那是我们的家园和我们的一切。你所爱

（图源：NASA）

暗淡蓝点

所知的每个人、听说过乃至存在过的每个人，都在小点上度过一生。欢乐与痛苦、宗教与学说、猎人与强盗、英雄与懦夫、文明创造者与毁灭者、国王与农夫，情侣、父母、儿童，发明家和探险家，还有崇高的教师、腐败的政客、耀眼的明星、伟大的领袖，历史上所有的圣人与罪犯，都住在这里——它只是一粒悬浮在阳光中的微尘。”

我们知道，人类会踏入星辰大海，火星必然是下一站。

下一站火星，是人类的未来，也是人类面临的挑战。

我们应该怎样面对？

致谢

本书得以最终出版，我想首先感谢电子工业出版社的郑志宁老师和她的同事。郑老师在本书的酝酿、写作、编辑和出版各个环节做出了大量专业细致的工作。

作为本书的审稿人，徐蒙博士提出了一些专业见解和修改建议，大大提高了本书的科学性。窫柴等知乎和微博网友，在我日常发表科普作品的过程中，提出了积极的建议。刘宇鑫对本书数据计算部分做出了贡献。在此，对他们一并表示感谢。

本书在筹备出版期间，受到了不少专业人士的关注。在此，本人诚挚感谢“火星叔叔”郑永春博士和庞之浩研究员对本书的真诚推荐。他们在我内心最早种下“种子”，使我立志从事航天科研和进行科普推广活动。中国科学院“中国科普博览”（http://www.kepu.net.cn/）平台，与我有长期合作关系，也为本书做出了巨大贡献，在此表示感谢。

撰写本书的过程，也是我再一次系统梳理航天知识的过程，我使用并参考了大量同行的工作成果。美国国家航空航天局（NASA），无私分享了大量精美图片。本书也参考了欧洲航天局（ESA）、日本宇宙航空研究开发机构（JAXA）和俄罗斯联邦航天局（Roscosmos）等公开的大量信息。美国商业航天太空探索科技公司（SpaceX）无私分享了大量高清图片。本书参考了大量中国国家航天局（探月与航天工程中心）公布的科研成果。还有一些此处未提到，书中注明的图片来源和作者，他们也使本书更加丰富多彩。在此，一并表示感谢。

最后，感谢我的妻子宋菲菲（Feifei），她为本书提供了精美的手绘插图。在本书成书过程中，她操持家务，使我有足够的写作时间。她也为本书提供了更有阅读性的建议。

由于本人学识和能力有限，书中不可避免会存在一些错误和纰漏；航天科技发展迅猛，很多旧的知识也在不断进行更新。本书如有谬误或相关知识未及时更新，请各位读者海涵，并积极反馈给出版社，我们将及时做出修改。如果本书存在图片和内容方面的错误引用和结论，也请相关作者与我们联系，我们将积极进行反馈。

本书献给每一个对火星乃至人类航天的未来远景感兴趣的人，希望我们永远保有“星辰大海”的梦想。

附录

一、主要资料来源

美国国家航空航天局（NASA）：www.nasa.gov

美国喷气推进实验室（JPL）：www.jpl.nasa.gov

欧洲航天局（ESA）：www.esa.int

中国国家航天局（CNSA）：www.cnsa.gov.cn

俄罗斯联邦航天局（Roscosmos）：www.roscosmos.ru

日本宇宙航空研究开发机构（JAXA）：www.jaxa.jp

印度空间研究组织（ISRO）：https://www.isro.gov.in

美国太空探索科技公司（SpaceX）：www.spacex.com

二、参考文献

1. 安迪·威尔. 火星救援（中文版）. 南京：译林出版社，2015.
2. Bibring J P, Langevin Y, Poulet F, Gendrin A, Gondet B, Berthé M, ...& Moroz V. Perennial water ice identified in the south polar cap of Mars. Nature, 2004, 428(6983): 627.
3. 陈昌亚，侯建文，朱光武. 萤火一号探测器的关键技术与设计特点. 空间科学学报，2009, 29(5): 456 ~ 461.

4. Chicarro A, Martin P, & Trautner R. 2004, August. The Mars Express mission: an overview. In: Mars Express: The Scientific Payload (Vol. 1240, pp. 3 ~ 13).
5. Compton W D. 1989. Where no man has gone before: A history of Apollo lunar exploration missions (Vol. 4214). US Government Printing Office.
6. Crisp D, Allen M A, Anicich V G, Arvidson R E, Atreya S K, Baines K H, ... & Carlson R W. 2002, August. Divergent evolution among Earth-like planets: The case for Venus exploration. In: The Future of Solar System Exploration (2003—2013)—First Decadal Study contributions (Vol. 272, pp. 5 ~ 34).
7. Hubbard G S, Naderi F M, & Garvin J B. Following the water, the new program for Mars exploration. Acta Astronautica, 2002, 51(1 ~ 9): 337 ~ 350.
8. 耿言，周继时，李莎，等．我国首次火星探测任务．深空探测学报，2018, 5(5): 399 ~ 405.
9. Jakosky B M, Lin R P, Grebowsky J M, Luhmann J G, Mitchell D F, Beutelschies G, ...& Baker D. The Mars atmosphere and volatile evolution (MAVEN) mission. Space Science Reviews, 2015, 195(1 ~ 4): 3 ~ 48.
10. Li S, Jiang X. Review and prospect of guidance and control for Mars atmospheric entry. Progress in Aerospace Sciences, 2014, 69: 40 ~ 57.
11. Mahaffy P R, Webster C R, Atreya S K, Franz H, Wong M, Conrad P G, ... & Owen T. Abundance and isotopic composition of gases in the Martian atmosphere from the Curiosity rover. Science, 2013, 341(6143): 263 ~ 266.
12. Marov M Y, Avduevsky V S, Akim E L, Eneev T M, Kremnev R S, Kulikov S D, ... & Rogovsky G N. Phobos-Grunt: Russian sample return mission. Advances in Space research, 2004, 33(12): 2276 ~ 2280.
13. Muirhead B K. 2004, March. Mars rovers, past and future. In: 2004 IEEE aerospace conference proceedings (IEEE Cat. No. 04TH8720) (Vol. 1). IEEE.

14. Musk E. Making humans a multi-planetary species. New Space, 2017, 5(2): 46 ~ 61.

15. 欧阳自远，肖福根. 火星探测的主要科学问题. 航天器环境工程，2011, 28(3): 205 ~ 217.

16. Papkov O V. Multiple gravity assist interplanetary trajectories. Routledge, 2017.

17. 史蒂夫・斯奎尔斯. 登陆火星：“精神号”和“机遇号”的红色星球探险之旅（中文版）. 北京：中国宇航出版社，2008.

18. Squyres S W, Knoll A H, Arvidson R E, Clark B C, Grotzinger J P, Jolliff B L, ... & Farrand W H. Two years at Meridiani Planum: results from the Opportunity Rover. Science, 2006, 313(5792): 1403 ~ 1407.

19. Sundararajan V. 2013. Mangalyaan-Overview and Technical Architecture of India’s First Interplanetary Mission to Mars. In AIAA Space 2013 Conference and Exposition (p. 5503).

20. Taylor F W. The scientific exploration of Mars. Cambridge (UK): Cambridge University Press, 2009.

21. Viikinkoski M, Vernazza P, Hanuš J, Le Coroller H, Tazhenova K, Carry B, ...& Fusco T. (16) Psyche: A mesosiderite-like asteroid?. Astronomy & Astrophysics, 2018, 619, L3.

22. Walberg G. How shall we go to Mars? A review of mission scenarios. Journal of Spacecraft and Rockets, 1993, 30(2): 129 ~ 139.

23. Hohmann W. Die Erreichbarkeit der Himmelskörper. München (Germany): R. Oldenbourg, 1925.

24. Wamelink G W, Frissel J Y, Krijnen W H, Verwoert M R, & Goedhart P W. Can plants grow on Mars and the moon: a growth experiment on Mars and moon soil simulants. PLoS One, 2014, 9(8), e103138.

25. 吴伟仁，马辛，宁晓琳. 火星探测器转移轨道的自主导航方法. 中国科学：信息科学，2012，42: 936 ~ 948.

26. 新华网. “月宫一号”成功完成我国首次长期多人密闭试验. 军民两用技术与产品，2014(08): 19.

27. 叶培建，黄江川，孙泽洲，等. 中国月球探测器发展历程和经验初探. 中国科学：技术科学，2014，44: 543 ~ 558.

28. Yu Z, Cui P, & Crassidis J L. Design and optimization of navigation and guidance techniques for Mars pinpoint landing: Review and prospect. Progress in Aerospace Sciences, 2017,94: 82 ~ 94.

29. 郑永春. 飞越冥王星——破解太阳系形成之初的秘密. 杭州：浙江教育出版社，2016.

30. 郑永春. 火星零距离. 杭州：浙江教育出版社， 2018.

31. Zurek R W, & Smrekar S E. An overview of the Mars Reconnaissance Orbiter (MRO) science mission. Journal of Geophysical Research: Planets, 2007,112 (E5).